采煤塌陷区建筑利用技术

滕永海　唐志新　郭轲铁　易四海　著

应急管理出版社

·北　京·

内 容 提 要

本书系统地总结了采煤塌陷区建筑利用技术及实践经验，介绍了覆岩破坏与导水裂缝带发育规律、新建建筑物荷载影响深度、采空区注浆处理技术、抗变形建筑技术，提出了地表残余变形计算方法、采空区地基稳定性评价方法、高潜水位地基回填与处理方法、高层建（构）筑物及大型厂房抗变形建筑技术。书中还列举了部分采煤塌陷区建筑利用的应用实例。

本书可供煤炭系统从事采煤塌陷区治理与建筑利用、地质、测量、采矿、建筑、环境等专业的科研人员、工程技术人员参考，也可作为高等院校本科生、研究生的参考书。

前　言

我国近些年煤炭产量一直居世界首位，2009 年原煤产量突破 3 Gt，2020 年达到 3.84 Gt。煤炭大规模的开采在地面形成大面积的采煤塌陷区。同时，随着我国城市及工程建设的迅猛发展，建设用地日趋紧张，特别是资源型城市，由于无地可选，一些民用建筑物、工业构筑物、交通设施等迫不得已兴建或穿越于采空（动）区之上。特别是近年来，部分城市为解决建设用地瓶颈，集约用地，开始大量在采煤塌陷区上方兴建各种大型建（构）筑物。如何科学合理地利用采煤塌陷区做建筑用地，保证新建建（构）筑物的安全，是需要解决的技术难题。

对于在采煤塌陷区进行建筑利用，国内外取得了一系列进展。国外的采空区地表稳定性问题大多为针对房柱法等局部开采的废弃矿区问题，研究的方法主要采用调查统计方法，采取的治理措施主要有全部充填采空区、采用灌注法或深桩基础支撑覆岩、水诱导沉陷法等，治理后地面主要用于开发建设居民区等。国内的许多学者开展了相关研究，包括从力学角度探讨采空区活化机理和地基稳定性，提出以建筑物荷载影响深度和采空区垮落裂缝带发育高度不相互重叠来分析地基稳定性和确定建筑物的层数，针对浅部采空区上方建设大型建（构）筑物进行采空区上方地基失稳机理和处理措施的研究，采用模糊数学综合评价方法进行老采空区地基稳定性评价等。在新建建筑物抗变形技术方面，主要借鉴于采动区新建建筑物抗变形技术，并进行了适当优化和完善。

本书基于作者多年来从事采煤塌陷区建筑利用的实践经验，比较系统地论述了覆岩破坏与导水裂缝带发育规律、新建建筑物荷载影响深度、采空区注浆处理技术、抗变形建筑技术，提出了地表残余变形计算方法、采空区地基稳定性评价方法、高潜水位地基回填与处理方法、高层建（构）筑物及大型厂房抗变形建筑技术，并列举了部分采煤塌陷区建筑利用的应用实例。

本书由滕永海主编，其中第 1 章、第 2 章、第 4 章、第 8 章第 3 节由滕永海执笔完成，第6章、第7章、第8章第2节由唐志新执笔完成，第5章、第8章第1节、第4节由郭轲轶执笔完成，第3章由易四海执笔完成，郑志刚、朱伟、曹新款、李星、李悦参加了部分章节的编写和书稿校对工作。

在本书的完成过程中，得到了平煤集团、徐矿集团、晋煤集团、开滦集团、平顶山市规划局等单位的大力支持，在此表示衷心感谢！此外，书中引用了一些单位和有关学者发表的文献资料，对所引文献的作者表示衷心的感谢！

由于时间比较仓促，书中可能存在错误或疏漏，恳请读者批评指正！

作　者

2021年7月

目 次

1 绪　　论

1.1 采煤塌陷区建筑利用的研究背景

我国煤炭资源丰富，1988 年以来，我国煤炭产量一直位居世界前列，占世界总产量的 37%左右。随着经济的快速增长，我国原煤产量增长加速，2005 年原煤产量突破 2 Gt，2009 年原煤产量更是突破 3 Gt，2020 年达到 3. 84 Gt。煤炭大规模的开采在地面形成大面积的采煤塌陷区，据不完全统计，全国平均每采出 10000 t 煤就会造成地表沉陷面积约 3 亩，目前全国有采煤沉陷的土地面积约 2500 万亩。煤矿开采将改变地层和岩体的工程地质特征和性质，形成不良工程地质的复杂地基条件，给利用采空区地表做建筑用地带来困难和隐患。由于我国煤炭生产及消费在能源结构中依然占 55%～60%，为满足国民经济发展的需求，煤炭资源的大规模高强度开采仍将继续。

我国城市及工程建设的迅猛发展，建设用地日趋紧张，特别是资源型城市，由于无地可选，一些民用建筑物、工业构筑物、交通设施等迫不得已兴建或穿越于采空（动）区之上，如唐山、平顶山、焦作、徐州、淮北、晋城等矿区都在采煤沉陷区上进行了民用住宅、工业园区建设，多数矿区高压线、高速公路遍布于采空（动）区之上。特别是近年来，部分城市为解决建设用地瓶颈，集约用地，开始大量在采煤沉陷区或待采区上方兴建各种大型建（构）筑物。这些建（构）筑物有的层数高，有的跨度大，受井下开采的采动影响，存在着极大的安全隐患，成为我国以煤炭开采为主的资源型城市经济发展和社会稳定的重大安全问题。

我国建（构）筑物采动损坏研究始于 20 世纪 50 年代，经过 60 多年的研究与实践，理论上已经比较成熟，应用上也取得了较为丰富的经验。受当时经济、建设条件的限制，矿区建（构）筑物多为砖木、砖混砌体结构的平房或多层楼房，建筑高度低、跨度小、质量差，适应矿区采动变形的能力普遍较弱，建筑采动损坏以水平拉伸（或压缩）变形影响为主，建筑防护技术多采用以吸收或抵抗采动变形的措施为主，如设置水平滑动层、砂垫层，留设变形缝，增设构造柱、圈梁等技术措施。随着国民经济的发展和建筑技术水平的提高，矿区兴建的建（构）筑物发生了较大变化，新建建（构）筑物普遍楼层高、跨度大、建筑形式多样，建（构）筑物的重要性、安全性也相应提高；建筑结构多采用框架、框剪、钢结构等结构类型，建筑抗震设防、构造配筋也不断加强，建筑整体性明显增强，适应地表变形的能力明显提高；为提高整体稳定性，建筑物基础多深埋且多采用整体基础，导致建筑基础受地表变形作用的附加力显著增大；大型建（构）筑物的建筑荷载激增，对地基稳定性要求也越来越高。

基于这些情况和变化，有必要系统开展采空区活化与地表残余变形规律研究，开展采煤塌陷区地基稳定性评价技术研究，开展浅部采空区及部分开采等复杂条件下采空区注浆充填技术研究，开展高潜水位预回填地基处理技术研究，开展采煤塌陷区新建建（构）筑物尤其是大型建筑物抗变形技术研究，为合理利用采煤塌陷区做建设用地、保障地面新建建筑物安全提供科学的依据和技术支持。本书是对矿山开采沉陷及其控制研究的补充和发展，是对岩土力学理论和抗变形建筑技术的丰富和完善，对促进矿区城市的可持续发展具有重要意义和应用价值。

1.2 国内外研究现状

1.2.1 建筑物采动损坏研究与实践

国内外对建（构）筑物的采动损坏及防护技术研究由来已久，并开展了大量的建筑物下开采实践。早在19世纪中叶，人们便开始重视采矿引起地表沉陷问题以及由此给地面建（构）筑物和农业带来的损害问题。从20世纪初，人们开始了地下开采引起地表变形对建筑物损害的研究。经过几十年的努力，国内外对建筑物采动损坏及保护的研究取得了丰硕的成果，主要体现在以下几方面：一是减缓地表移动与变形（部分开采、多工作面联合开采、协调开采、充填开采等）；二是采后建筑物加固和修复（增设钢筋混凝土圈梁、构造柱、钢拉杆、筒箍加固、砖墙勾缝等）；三是采前采取抗变形结构措施。

国外如俄罗斯、乌克兰、波兰、德国、英国、澳大利亚、南非等一些国家对地面建筑物保护十分重视。波兰为了提高资源的利用率，从1945年开始进行建筑物下采煤试验，是东欧各国中建筑物下采煤做得比较好的国家之一。从1954年开始波兰大规模地进行城市下采煤，采用密实充填、部分开采、顺序开采、分期开采、合理布置各煤层或分层开采边界的位置以及协调开采等办法，对地面建筑物采取了诸如设置变形缝、钢筋混凝土锚固板、混凝土锚固拉杆、钢锚固拉杆、挖变形补偿沟等措施。苏联除采用了与波兰类似的开采措施和地面保护措施外，还重视工作面位置的合理布置；英国则采用风力充填、条带开采和协调开采等办法进行建筑物下开采；法国采用水砂充填、日本采用房柱式开采和风力充填等手段均取得了一些成功的经验和实例。

我国人口多，村庄分布广，有的建筑物下蕴藏着大量的煤炭资源，据不完全统计，我国“三下”压煤13.79 Gt，其中建筑物下压煤8.76 Gt，占压煤总量的63.5%。在人口密集、村庄建筑物集中的河北、山西、山东、河南、陕西、黑龙江、辽宁、安徽八省，建筑物下压煤量达6.47 Gt，占全国建筑物下压煤总量的84.7%。为充分利用地下煤炭资源，延长矿井的服务年限，我国自新中国成立后就非常重视开采沉陷及建筑物下采煤的研究工作。1956年成立的唐山煤炭科学研究院矿山测量研究室（现中煤科工生态环境科技有限公司唐山分公司）积极开展岩层与地表移动及“三下”采煤的研究工作，1959年煤炭科学研究院北京开采所矿压室（现中煤科工开采研究院有限公司安全与生态环境研究所）开始专门从事开采沉陷及防护的研究试验工作，与此同时北京矿业学院等高校也开始进行地表移动规律与建筑物下采煤的研究工作。此后，我国的开采沉陷及建筑物下采煤研究工作得到了较快发展，取得了许多研究成果，在村庄、城镇、高压输电线塔、烟囱、铁路及桥涵下都获得了成功的开采实例，为煤炭工业的发展和国民经济建设做出了贡献。

20世纪50年代，唐山研究院在开滦矿区建立了全国第一个岩移观测站，60年代在平顶山矿区建立了第一个网状观测站，并在峰峰、本溪、枣庄、鹤壁等矿区开展了建筑物下采煤研究工作。1963 年北京开采研究所承担了新中国第一个城市下（抚顺城下）压煤开采的研究与试验。1978 年唐山研究院在湖南资江煤矿成功地进行了新建抗采动俱乐部下采煤的试验，并首次在我国提出采动区抗变形结构建筑技术，之后又在该矿建起了招待所、办公楼、托儿所、综合商店、住宅楼、农村住宅等抗采动变形建筑，总建筑面积达 25000 m^2。峰峰辛寺庄下采用多工作面联合开采、兖州吴官庄村下采用双对拉长工作面联合推进、鹤壁二矿工业厂房及公用建筑物下采用厚煤层分层开采等均实现了村庄建筑物下不迁村全部开采。在峰峰、抚顺、鹤壁、南桐、淄博、淮南等局矿实行了不迁村条带开采。在平顶山、徐州、开滦、皖北、邢台、大屯等矿区采用新建房屋抗变形技术成功实现了村庄不搬迁村庄下采煤，并取得良好的技术经济效果。近些年，又开展了综采放顶煤条件下地表沉陷规律与建筑物下采煤的研究工作。20 世纪 80 年代，煤炭工业部颁布了《建筑物、水体、铁路及主要井巷煤柱留设与压煤开采规程》，并于2000 年、2017 年进行了重新修订。

1.2.2　采空区上方兴建建（构）筑物研究与实践

由于经济建设的需要，利用采煤塌陷区地表作为建筑场地已为许多矿区城市所重视。采空区地表通过技术论证并采取一定措施后作为一般建筑用地，或者作为大型建筑物用地已取得了较大进展。

在采空区地表建设过程中涉及的采空区探测、地基稳定性评价和治理等问题的研究，国内外取得了一系列进展。国外在 20 世纪初就开始对矿区土地进行复垦，其中历史较久、规模较大、成效较好的有澳大利亚、苏联、德国、美国、英国等国家。虽然这些国家对矿区生态复垦、土地复垦比较重视，法律、法规也比较健全，取得了显著成就和长足进展，但对建筑复垦所做的工作不多。国外的采空区地表稳定性问题大多为针对房柱法等局部开采的废弃矿区问题，研究的方法主要采用调查统计方法，缺乏较深入的理论研究。采取的治理措施主要有全部充填采空区、采用灌注法或深桩基础支撑覆岩、水诱导沉陷法等，治理后地面主要用于开发建设居民区等。对应用长壁开采法形成的采空区的地基稳定性问题和地基处理等问题基本没有进行系统研究和工程实例。

对于在采空区上方进行地面建筑和地基稳定性评价，国内许多学者开展了相关研究。颜荣贵从力学角度探讨了采空区活化机理和地基稳定性；滕永海、张俊英提出以建筑物荷载影响深度和采空区垮落裂缝带发育高度不相互重叠来分析地基稳定性和确定建筑物的层数（高度）；郭广礼、邓喀中等针对浅部采空区上方建设选煤厂等建（构）筑物进行了采空区上方地基失稳机理和处理措施的研究；有些学者还提出了采用模糊数学综合评价方法进行老采空区地基稳定性评价。在新建建筑物抗变形技术方面，主要借鉴采动区新建建筑物抗变形技术并进行了适当优化和完善。

一些矿区城市广泛开展了采空区地表建设实践。1986 年淮北岱河矿首次在塌陷区上采用回填煤矸石垫高基础的方法建设 3、4 层试验楼 1 栋，建筑面积 1635 m^2，还建设了游泳池和灯光球场。平煤集团于 1992—1998 年在二矿的采空区上方地表新建乐福新村，占地 16 公顷，新建 59 栋（5、6 层）住宅楼，还有新村小学、幼儿园、门诊部、中心公园等公用设施；随后，平顶山市在采煤塌陷区上方进行了大面积的建筑开发利用，包括住宅小区、厂房、风电站等。1992—1996 年，在徐州矿务局庞庄煤矿、权台煤矿开展了高潜水位不搬迁村庄下采煤技术研究，研究了矸石地基回填工艺与地基处理方法，新建房屋采用抗震抗变形技术措施。2004—2008 年，在平顶山矿区朝川煤矿老采空区上方建起了年产 0.6 Mt 焦化厂，重要建筑物包括焦炉、焦仓等大型建筑，随后又在焦化厂的东北部建设了总装机容量 120 MW 的燃气发电厂，之后又建设了干熄焦项目。晋城煤业集团在矿务局东小区、古书院煤矿、寺河矿二号井采空区上方分别建起住宅楼、办公楼、锅炉房等；开滦矿区在塌陷区内，建筑有工业厂房、发电厂和住宅楼等。石太高速公路通过阳泉矿区的采空区上方。淮南新庄孜煤矿在采空区上方建起洗煤厂，其主厂房的西南角直接位于采动破碎基岩区上方。潞安五阳矿在采空区附近修建坑口电厂，在采煤塌陷区建设抗变形村庄。徐州也在采空区上方进行电厂及住宅区建设等。经过多年的发展和推广，我国已在许多矿区如平顶山、唐山、晋城、焦作、潞安、淮北、徐州等采煤塌陷区上方兴建起上百万平方米的建（构）筑物，包括住宅楼、办公楼、工业厂房等，经受了各种地质采矿条件的采动影响考验，均取得了显著的经济效益和社会效益。

近年来对采空区上方建设大型建（构）筑物进行了系统研究，并根据其特点对采空区地基稳定性评价、抗变形技术进行了补充和完善。同时，应用该成果在平顶山、唐山等矿区的采空区上方建成了多个高层住宅小区和大型建（构）筑物，均取得了良好的技术经济效果。

经过多年的研究和快速发展，我国在采煤塌陷地建筑利用方面已积累了丰富的实践经验，但是该学科涉及的专业多，再加上采空区属于隐蔽工程，开采条件复杂，采煤方法不一，地表新建建（构）筑物多样，许多技术问题还需要进一步地研究。

1.3 未来研究方向

经过多年的理论研究及工程实践，对于采用长壁全部垮落法开采且具有一定开采深度的采空区，尤其是国有煤矿或大型煤矿开采的地质采矿条件比较清楚的采空区，由于地表的移动变形已发生，采空区及上方的空隙基本被压实，之后地表的残余变形非常小，只要进行合理的地基稳定性评价、科学的控制建筑物层数（高度）并对新建建（构）筑物采取抗变形结构技术措施，就能保证新建建（构）筑的安全。

但对于浅部复杂地质采矿条件的开采区域，往往存在历史小煤窑开采或地方煤矿开采，煤层埋藏较浅，开采情况不清楚，开采方法不正规，采煤方法多样（有房柱式、条带式、巷采、穿采等），残留的煤柱较多，利用这些采煤塌陷区做建筑用地往往存在很多隐患且存在盲目建设、盲目治理等诸多问题，是采煤塌陷区建筑用地开发亟待解决的技术难题。

另外，对于采用部分开采如房柱式开采、条带式开采、巷采等或开采时残留有较多煤柱或采用高水充填等存在活化的采空区以及急倾斜煤层开采的露头区域，往往存在较大的隐患。随着时间的推移或在外在因素的影响下，这些煤柱有可能发生失稳垮落或抽冒，地表可能发生突然性的剧烈沉降及非连续变形破坏，对地表建（构）筑物的危害非常大。美国、英国、波兰等国家都曾发生过在开采几十年后甚至一百多年后煤柱失稳、地表突然塌陷的事件。对于较大断层的露头区域，亦应考虑断层的活化影响。

采煤塌陷区建筑利用可以在以下方面重点开展研究工作：

（1）加强浅部复杂地质采矿条件下的采空区精准探测技术研究。

（2）进一步开展采空区活化规律与机理研究，开展地表残余沉陷变形规律研究。

（3）继续开展房柱式、条带式、巷采等部分开采煤柱稳定性与防治技术研究。

（4）开展采空区断层活化机理、断层活化防治技术及地面建筑利用技术研究。

（5）进一步开展采空区注浆充填技术及工艺研究，对重要敏感厂房（设备）开展精密注浆技术研究。

（6）开展高潜水位采煤塌陷区矸石、土、建筑垃圾等混合地基处理技术研究。

（7）加强采空区与建筑结构变形协同作用机理研究，进一步开展高耸建（构）筑物和大型建（构）筑物抗变形技术研究。

（8）加强地下停车场、防空洞等工程的抗变形技术研究及地下工程防水措施研究。

（9）加强采煤塌陷区城镇建设和建筑利用的空间规划技术研究。

（10）加强建设场地和建（构）筑物监测技术装备研发，开展采煤塌陷区“空—天—地”综合监测及大数据处理技术研究。

2 覆岩破坏规律

2.1 矿山压力显现规律

2.1.1 基本顶的初次来压

工作面开始推进后，当基本顶悬露达到极限跨距时，基本顶断裂形成三铰拱式的平衡，同时已破断的岩块会回转失稳（变形失稳），有时可能伴随滑落失稳（顶板的台阶下沉），如图 2-1 所示，从而导致工作面顶板的急剧下沉。此时，工作面支架呈现受力普遍加大现象，为基本顶的初次来压。由开切眼到初次来压时工作面推进的距离称为基本顶的初次来压步距。一般情况下，基本顶的初次来压步距与基本顶初次断裂的极限跨距相当。

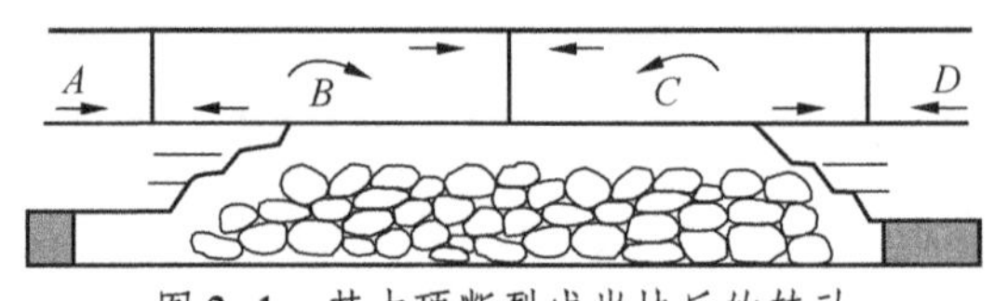

图 2-1　基本顶断裂成岩块后的转动

初次来压前，由于上覆岩层结构中有“梁”或“拱”式结构存在，因此整个采空区周围的岩体可以视为一个结构系统。这个系统的顶部是基本顶岩层，四周则是直接顶加煤柱。

显然，回采工作面煤壁上所承受的支撑压力将随着基本顶跨度的加大而增加，即刚从开切眼推进时最小，在初次来压前达到最大。这时可以把不同的应力区划分为增加区、减压区及稳压区。

基本顶来压前，回采工作面的顶板压力并不大，但煤壁内的支撑压力却达到了这种情况下的最大值。所以，煤帮的变形与塌落（片帮），常常是预示工作面顶板来压的一个重要标志。

基本顶初次来压比较突然，来压前回采工作空间上方的顶板压力较小，因而往往容易使人疏忽大意。初次来压时，基本顶跨距比较大，影响的范围也比较广，工作面易出现事故。因此，在生产过程中应严加注意。如西山矿务局某煤层在初次来压前，工作面顶板下沉速度小于 1~1.5 mm/h，当工作面推至距开切眼 30 m 左右时，基本顶垮落，地表也开始移动，回采工作面顶板下沉速度增至 3 mm/h。

由于基本顶初次来压对工作面的影响较大，因此必须掌握初次来压步距的大小，以便及时采取对策。在来压期间，必须加强支架的支撑力，尤其要加强支架的稳定性。

基本顶初次来压步距与来压强度与基本顶岩层的力学性质、厚度、破断岩块之间互相咬合的条件等有关，也与地质构造等因素有关，如遇到断层则可能减小来压步距。基本顶初次来压步距是基本顶岩层分类的主要依据。

据大量实测资料统计，我国现有的生产工作面中，初次来压步距为 10~30 m 的约占 54%，30~50 m 的约占 37.5%，其余为大于 55 m 的情况。有的可达到 160 m 左右，如大同矿务局的砾岩及沙砾岩顶板。

一般条件下，基本顶初次来压步距越大，工作面来压显现越剧烈，相应的动压系数（支架在来压时的荷载与平时荷载之比）也越大。但是，在一定条件下，即使基本顶初次来压步距并不十分大，回采工作面来压显现却很剧烈，甚至造成工作面支架被压死的现象。如我国神府风积沙浅埋煤层及华东部分矿井在开采浅部煤层时曾遇到这种情况。

2.1.2 基本顶的周期来压

随着回采工作面的推进，在基本顶初次来压以后，裂隙带岩层形成的结构将始终经历“稳定-失稳-再稳定”的变化，这种变化周而复始。结构的失稳导致工作面顶板的来压，这种来压也将随着工作面的推进周期性出现。因此，由于裂隙带岩层周期性失稳引起的顶板来压现象称为工作面顶板的周期来压。

周期来压的主要表现形式有：顶板下沉速度急剧增加，顶板的下沉量变大；支柱所受的荷载普遍增加；有时还可能引起煤壁片帮、支柱折损、顶板发生台阶下沉等现象。如果支柱参数选择不合适或者单体支柱稳定性较差，则可能导致局部冒顶、甚至顶板沿工作面切落等事故。

根据上述分析，可将周期来压时顶板来压状态绘成图 2-2 的力学模型。与初次来压时一样，支架必须保证有足够的支撑力以满足 $\sum F_y = 0$，但并不能阻止基本顶岩块的回转。

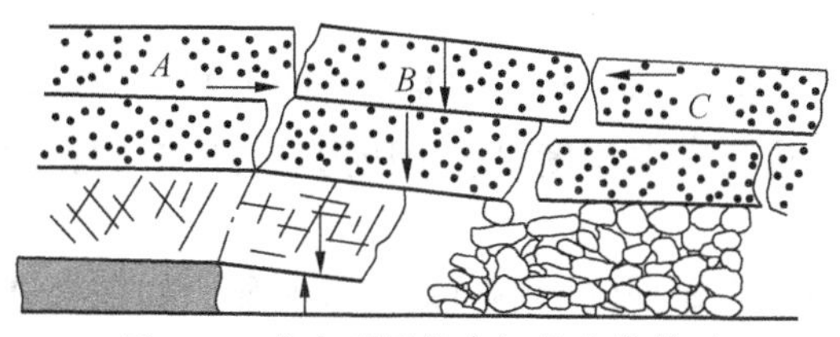

图 2-2 基本顶周期来压的力学模型

基本顶的周期来压步距常按基本顶的悬臂式折断来确定。一般基本顶的周期来压步距是初次来压步距的 0.4 倍左右。如阜新矿务局高德矿北翼九层一区二段工作面，工作面长 170 m，煤厚 3 m，基本顶厚 4.5 m，直接顶为 3.5 m 厚的细砂岩，煤层倾角 32°~35°，工作面初次来压步距为 37.4 m，周期来压步距平均为 18.5 m。

事实上，当覆岩存在多层坚硬岩层时，对采场来压产生影响的可能不只是临近煤层的第一层坚硬岩层，有时上覆第二层甚至第三层坚硬岩层也成为基本顶，它们破断后会影响采场来压显现，从而导致采场周期来压步距并不是每次都相等，有时可能出现很大的差别。由于存在两层或两层以上基本顶而导致采场周期来压步距呈现一大一小、周期性来压强度呈现一高一低周期性变化的现象，在实际生产中有许多这样的实例。

另外，来压的大小还与采空区冒落矸石充满采空区的程度直接相关。采空区冒落越严实，基本顶对工作面影响越小；反之，则较大。

2.1.3 影响采场矿山压力显现的主要因素

影响采场矿山压力显现的主要因素是围岩性质，其次是采深、采高、倾角及推进速度。关于围岩性质的影响，前面已有分析，下面主要分析后者对矿山压力显现的影响。

1. 采高的影响

在一定地质条件下，采高是影响上覆岩层破坏状况的最重要因素之一。采高越大，采出的空间越大，必然导致采场上覆岩层破坏越严重。根据淮南、淮北矿区以及枣庄柴里等矿的实际测定，在单一煤层或厚煤层第一分层开采时，垮落带与裂隙带的总厚度与采高基本上呈正比。

显然，采高越高，在同样位置的基本顶取得平衡的概率越小，而且在支撑压力的作用下，工作面煤壁也越不稳定，易片帮，因此，采高大的工作面中矿压显现也越严重；采高越低，顶板活动越缓和，煤壁也较为稳定。

但对于厚煤层综采放顶煤开采，由于基本顶平衡结构向高位转移，工作面顶板周期来压显现反而不明显，有的工作面虽有来压现象，但顶板来压强度与来压步距均明显减弱。

2. 工作面推进速度的影响

加快工作面的推进速度，缩短落煤与放顶两个主要生产过程的时间间隔，能减小顶板下沉量，但顶板下沉速度必然加剧。例如根据苏联一回采工作面的测定，工作面推进速度由 3.5 m/d 增至 13.5 m/d 时，顶板下沉速度增加了一倍。由于落煤与放顶所造成的剧烈影响都是在较短的时间内（如 1~2 h）完成的，加快推进速度只能消除一部分平时的下沉量，但并不能消除此工序的剧烈影响造成的下沉量。所以，只有在原先的工作面推进速度比较缓慢的条件下，加快工作面推进速度才会对工作面顶板状态有所改善。当工作面推进速度提高到一定程度后，顶板下沉量的变化将逐渐减小。

3. 开采深度的影响

开采深度直接影响着原岩应力大小，同时也影响着开采后巷道或工作面周围岩层内支承压力值。从这个意义上讲，开采深度对矿山压力具有绝对的影响，但对矿山压力显现的影响则不尽相同。

开采深度对巷道矿山压力显现的影响可能比较明显，如在松软岩层中开掘巷道，随着深度的增加，巷道围岩的“挤、压、鼓”现象将更为严重。据德国有关资料统计，当开采深度达 1400 m 以上时，估计有 30% 的巷道不能采用现有的维护方法。

但开采深度对采场顶板压力大小的影响并不突出，因而对矿山压力显现的影响也不显著，尤其是对顶板下沉量的影响。在 600~800 m 的开采深度条件下，实际测定表明，采场顶板下沉量与采深之间并无直接关系。但随着采深增加，支撑压力必然增加，从而导致煤壁片帮及底板鼓起的概率增加，由此也可能导致支架载荷增加。

4. 煤层倾角的影响

实际观测证明，煤层倾角对回采工作面矿山压力显现的影响也是很大的，随着煤层倾角增加，顶板下沉量将逐渐变小。急倾斜工作面的顶板下沉量比缓斜工作面要小得多。

另外，由于倾角增加，采空区顶板冒落的岩石不一定能在原地留住，很可能沿着底板滑移，从而改变了上覆岩层的运动规律。

5. 分层开采时的矿山压力显现

当厚煤层用倾斜分层开采时，可采用全部垮落法自上而下逐分层回采。在回采第一分层时，基本顶岩层经历了一次悬露、破裂与折断的过程，而且岩块与岩块的咬合处也经历了一次变形过程，其完整性受到一定的破坏。因此，在回采第二分层时，某些矿山压力现象可能减弱，而另一些矿山压力现象则可能加剧。一般说来，下分层的矿压显现与上分层相比有以下特点：①基本顶来压步距小、强度低；②支架载荷变小；③顶板下沉量变大。

2.2 覆岩破坏发育规律

2.2.1 覆岩破坏的发育特征

随着工作面的推进，覆岩变形和破坏在不断地变化，图 2-3 所示为煤层开采后覆岩破坏示意图。图 2-3 中 *A*、*B*、*C* 分别为煤层支撑影响区、岩层离层区、重新压实区，Ⅰ、Ⅱ、Ⅲ分别为垮落带、裂缝带、弯曲带。

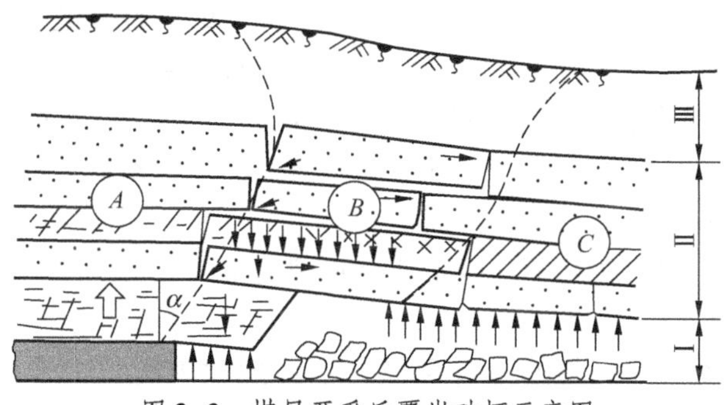

图 2-3　煤层开采后覆岩破坏示意图

1. 垮落带

垮落带也称冒落带，是指长壁工作面回柱后引起的煤层直接顶板垮落的高度。根据冒落岩块堆积的特点，冒落可分不规则冒落和规则冒落。一般越靠近煤层，冒落的岩块越破碎，其上的较规则。垮落带内岩块的破坏状况有以下特点：

（1）不规则性。除了极坚硬的顶板会发生大面积巨块冒落以外，在一般能随采随冒的顶板条件下，冒落岩块的块度大小不一，无一定规则。在初次采动的情况下，岩性坚硬、岩层厚度较大时，冒落岩块块度大；岩层软弱，岩层厚度小时，冒落岩块块度小。在厚煤层分层开采的情况下，冒落岩块再次垮落，块度变小。冒落岩块的不规则性是影响顶板再生性和冒落岩块不能隔水的重要原因。

（2）碎胀性。顶板岩层冒落到采空区后，其体积较未冒落前增大，这是冒落带内岩块堆的另一显著特点。根据现场测定结果，其碎胀系数一般为 1.1~1.4。在自由堆积状态下，冒落岩块的碎胀系数是影响冒落带高度和冒落现象能够自行停止的根本原因。

（3）密实性。密实性与冒落岩块的块度开裂、离层岩层的张开度、岩性及稳定时间长短密切关系。冒落岩块块度及其级配适当，则其开裂、离层岩层张开度小。岩层软弱、冒落带的透水及透砂能力较差，特别是在采空区经过灌浆处理后，冒落带能够形成密实的再生顶板，甚至可能局部地恢复其原有的隔水能力。

2. 裂缝带

垮落带以上为裂缝带。现场实测表明，裂缝带内岩层的破坏状况不同于冒落带的显著特点是，裂缝的形式及其分布有一定的规律。无论是在缓倾斜煤层还是在急倾斜煤层条件下，一般是发生垂直或近于垂直层面的裂缝，即断裂（岩层全部断开）和开裂（岩层不全部断开）。岩层断裂和开裂的发生与否及断开程度，除取决于岩层所承受的变形性质和大小外，还与岩性、层厚及其空间位置密切关系。靠近冒落带的岩层，断裂严重；远离冒落带的岩层，断裂轻微；脆性薄层状砂岩会发生断裂，韧性薄层状石灰岩则会发生弯曲缓慢下沉。除了垂直或近于垂直层面的裂缝外，还产生顺层面脱开的离层裂缝。离层裂缝的产生，说明覆岩破坏是由下而上的扩散式发展过程。

裂缝带内岩层的破坏状况与冒落带不同的另一显著特点是，它具有明显的分带性。根据岩层的断裂、开裂及离层的发育程度和导水能力，裂缝带在垂直剖面上可以分为严重断裂、一般开裂和微小开裂三个部分。

裂缝带内岩层破坏的第三个特点是，裂缝间的连通性受变形状态的影响。在静态变形状态下，下沉盆地内边缘不均匀下沉区岩层上、下部中的垂直裂缝与离层裂缝往往是彼此连通的，连通的范围也大一些；下沉盆地中央均匀下沉区岩层上、下部中的垂直裂缝（断裂）与离层裂缝则是不连通的，连通的范围小一些。在动态变形状态下，情况则完全相反，即下沉盆地边缘不均匀岩层上、下部中的垂直裂缝多为不连通的；下沉盆地中央均匀下沉区岩层上、下部中垂直裂缝则多为连通的。

一般称垮落带和裂缝带为垮落裂缝带或导水裂缝带。

3. 弯曲带

弯曲带也称整体移动带，指的是自裂缝带顶界到地表的整个岩系。在弯曲带内的岩层，基本上是处于水平方向双向受压缩状态，因而其密实性及塑性变形的能力得到提高。因此，弯曲带或整体移动带内的岩层，在一般情况下具有较好的隔水能力，成为水体下采煤的良好保护层。

弯曲带或整体移动带的显著特点是岩层移动的整体性，特别是软弱岩层及松散土层移动的整体性更为显著。重复采动时与初次采动相比，整体移动的特点更为明显、突出。

但是，当上覆岩层中存在较厚的硬岩层时，在上硬下软岩层的结合部往往会产生比较发育的离层。这种离层与采空区不连通，随着工作面的向前推进而逐渐变小，甚至压实。弯曲带内的离层现象在初次采动时往往比较显著。

弯曲带内的岩层有时也可能产生裂缝，但是裂缝微小，数量较少，裂缝的连通性不好，导水能力很微弱。随着移动过程的发展，岩层受压程度越来越高，受到破坏的岩层隔水性也会得到恢复。

2.2.2 覆岩破坏的发育规律

现场的实测结果表明，覆岩破坏的最终形态除与采空区大小及顶底板岩性有关外，煤层倾角的影响也是十分显著的。

对水平及缓倾斜煤层，在采用长壁采煤法、全部垮落法管理顶板时，其覆岩破坏的形态呈现明显的马鞍形（图 2-4）。并具有以下特点：

（1）采空区四周边界上方的破坏范围略高，最高点位于开采边界以内或以外数米的范围内。

（2）采空区中央的破坏范围低于四周边界的破坏范围。当采空区面积相当大且采厚大体相等时，采空区中央部分的破坏高度基本上是一致的。

（3）采空区四周边界垮落带、导水裂缝带的范围与水平面成一定的角度。

在厚煤层分层开采时，随着分层层数的增加，垮落带、导水裂缝带的范围不断扩大，

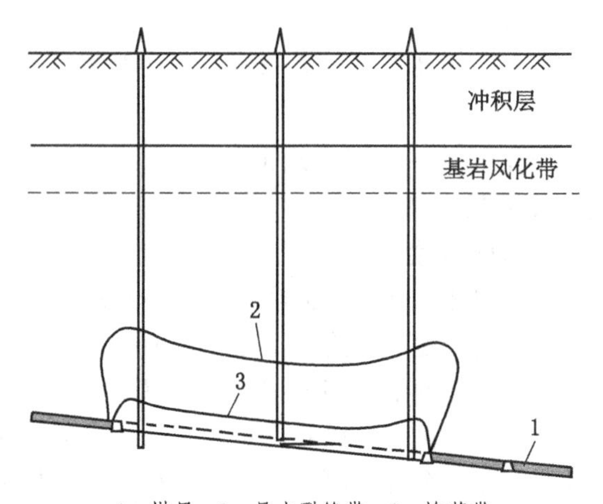

1—煤层；2—导水裂缝带；3—垮落带

图 2-4 缓倾斜煤层覆岩破坏发育形态

马鞍形的形态仍然存在，有时甚至更加突出。

当煤层倾角为 36°~54°时，冒落岩块下落到采空区底板后，向采空区下部滚动，于是采空区下部很快能被冒落岩块填满。而采空区上部则由于冒落岩块的流失，等于增加了开采空间，故其冒落高度大于下部。此时，采空区倾斜剖面上垮落带、导水裂缝带范围的最终形态呈上大下小的抛物线拱形形态，如图 2-5 所示。在走向方向上，由于采空区尺寸较大，仍然呈马鞍形形态。

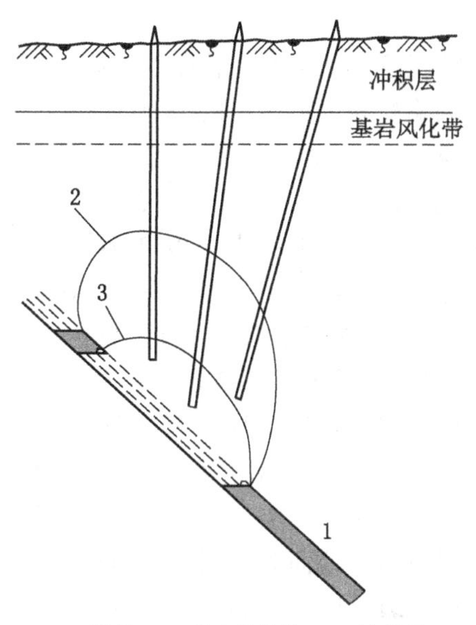

1—煤层；2—导水裂缝带；3—垮落带

图 2-5 中倾斜煤层覆岩破坏发育形态

当开采急倾斜煤层（倾角 55°~90°）时，不仅冒落岩块会发生向下滚动的现象，同时上部阶段的整个冒落岩块堆在受到下部阶段的采动影响后，也可能发生整体滑动，而且所采煤层本身还可能发生抽冒，使冒落带、导水裂缝带呈现出各种不同的类似拱形形态。

在采动过程中，导水裂缝带的发育过程具有一定的规律性，主要与工作面的推进位置有关。一般情况下，对于初次采动导水裂缝带的最大高度在覆岩下沉曲线的拐点前区（正曲率区）已基本形成，即在工作面推过 20～35 m 时基本形成；对于重复采动，各层位下沉曲线的拐点与初采情况相比前移了，所要求的推进距变小了，一般待工作面推过 15～20 m 即可以形成导水裂缝带的最大高度。

2.2.3 覆岩破坏和地表破坏的连通性

地表非连续性破坏和覆岩破坏之间的水力联系如何，是地表水体下采煤时人们最关心的问题。水体下开采的实践表明，地表非连续性破坏和覆岩破坏之间的水力联系主要取决于防水煤岩柱尺寸是否与覆岩破坏的最大高度相适应，以及采深采厚比值大小和有无松散层等因素。从我国水体下采煤的实例中可以看出，凡是防水煤岩柱尺寸大于导水裂缝带最大高度和有黏性土层覆盖的，除了个别采深采厚比值极小的情况以外，不论地表破坏发生与否，矿井涌水量都是正常的。也就是说，地表破坏与覆岩破坏之间无水力联系。凡是防水煤岩柱尺寸小于导水裂缝带最大高度和没有黏性土层覆盖的，矿井涌水量都比正常情况有所增加。在这种情况下，如果属于地表水体下采煤，地表破坏与覆岩破坏之间发生了水力联系。

在采深采厚比值较大的情况下，在覆岩破坏和地表裂缝之间存在着一个弯曲带或整体移动带。在采动影响下，弯曲带或整体移动带内也有平行层面的离层裂缝和垂直层面的张口裂缝。但是，它与导水裂缝带比较起来，数量上少得多而且裂缝之间没有形成一个连通的通道。特别是当弯曲带或整体移动带内存在软弱岩层或黏性土层时，其隔水性能更加良好。

在采深采厚比值较小的情况下，如果存在较厚的松散黏土隔水层，即使覆岩破坏到达基岩表面，地表裂缝或地表塌陷漏斗也不一定成为地表水突入井下的通道。如淮南李咀孜煤矿西二石门西翼 C_{13} 及 C_{15} 槽采区，采深 110 m，C_{13} 槽煤厚为 4.5～6.0 m，C_{15} 槽煤厚为 2.0 m，倾角为 62°。冲积层厚约 40 m，下部为泥灰岩，厚 23～25 m，中部为含水砂层，厚 12.45 m，上部为砂质黏土层。1961 年 9 月至 1962 年 2 月间，采用水平分层人工假顶下行垮落采煤法回采。由于不适当地超限采出了冒落在采空区的墟煤，防水煤柱局部抽冒高度到达泥灰岩，于 1962 年 2 月出现地表塌陷坑。坑的直径最大 36～40 m，最小 21～22 m，面积为 300～400 m^2。坑底呈碗形，深 4.5～5.0 m，坑内积水，但矿井涌水量无任何变化。

如果无松散层或松散层极薄时，地表破坏和覆岩破坏之间的水力联系是比较明显的。特别是在开采顶、底板围岩比较坚硬的急倾斜煤层，采深采厚比值又很小时，表现更为突出。如北京大台煤矿开采急倾斜煤层，煤层倾角 50°～89°，顶、底板岩层绝大部分为坚硬砂岩，煤系地层上面无松散层覆盖，地面为山区，冲沟很多，在采动影响下，地表出现许多张口裂缝，冬季有时还能看到裂缝中冒出热气。

如果松散层厚度不大，但存在隔水性好的薄黏土层时，受到采动影响后，松散层可能会遭到严重破坏，但当开采引起的岩层移动过程稳定以后，松散层仍然能够隔水。

2.3 普采条件下覆岩破坏规律

20 世纪 50 年代以来，我国采用钻孔冲洗液法、钻孔自动摄影法、综合物探法、巷道或石门直接观测法等，开展了大量的覆岩破坏规律的现场观测研究并开展了力学计算、相似材料模拟实验等研究工作，基本掌握了普采条件下导水裂缝带的发育规律，为研究覆岩破坏规律及解决水体下采煤问题提供了良好基础和有利条件。

2.3.1 覆岩破坏的典型观测实例

1. 柴里煤矿覆岩破坏观测实例

滕南煤田属华北型石炭二叠纪煤系地层，含煤地层为山西组和太原统。主采煤层为山西组 3 号煤层，煤层厚 8~10 m，煤层倾角 0°~12°。煤层顶板以灰白色中、细砂岩为主，部分为砂质泥岩，少量中粗砂岩，泥质及硅质胶结，覆岩厚 40~60 m。浅部风化松软、破碎，深部致密、坚硬，底板为厚层泥岩或砂质泥岩互层。风化带深度为 15 m 左右。煤系上覆第四纪松散层为冲积、洪积相多层隔水的黏土层与含水沙砾层交互沉积。

表 2-1~表 2-3 为柴里煤矿垮落带、导水裂缝带高度实测结果。由实测数据可知，导水裂缝带的发育形态在走向及倾向剖面上均为马鞍形；导水裂缝带高度和累计采厚的比值随着分层层数的增加而显著减小。

表 2-1 柴里煤矿中硬覆岩垮落带、导水裂缝带高度实测结果

分层	工作面	孔号	钻孔位置	分层采厚/m	累计采厚/m	冒高/m	冒高累计采厚比	裂高/m	裂高累计采厚比
第一分层	301	65-8	上边界	2.17	2.17	9.95	4.6	29.82	13.7
		65-7	上边界	2.15	2.15	7.59	3.5	27.91	12.9
		65-2	上边界	2.11	2.11	7.85	3.7	33.02	15.7
		65-1	上边界	2.14	2.14	8.58	4.0	29.08	13.6
		65-3	上边界	2.15	2.15	7.32	3.4	30.87	14.2
		65-4	上边界	2.12	2.12	7.68	3.6	31.63	14.9
		65-5	中　间	2.14	2.14	6.57	3.1	26.85	12.5
		65-6	下边界	2.14	2.14	11.73	5.5	34.03	15.9
	303	68-4	上边界	1.71	1.71			20.65	12.1
		68-6	下边界	1.68	1.68			23.08	13.7
	331	76-1	上边界	2.20	2.20			36.00	16.5
		76-2	上边界	1.70	1.70			19.00	11.2
第二分层	301	66-2	上边界	2.23	4.30	13.83	3.2	32.91	7.7
		66-1	上边界	2.23	4.23	15.21	3.6	32.64	7.7
		66-4	上边界	2.00	4.11	12.69	3.1	31.97	7.8
		66-5	中　间	2.14	4.25	13.96	3.3	30.47	7.2
		66-3	下边界	2.15	4.25	23.61	5.6	40.31	9.5
		66-6	下边界	2.00	4.11	23.97	5.8	46.30	11.2
		66-7	下边界	2.00	4.11			49.34	11.9
	306	75-5	上边界	2.10	4.30			44.90	10.4

表 2-1 (续)

分层	工作面	孔号	钻孔位置	分层采厚/m	累计采厚/m	冒高/m	冒高累计采厚比	裂高/m	裂高累计采厚比
第三分层	301	66-8	上边界	1.97	6.20	17.56	2.8	28.38	4.6
		66-10	上边界	2.13	6.58	21.35	3.2	34.74	5.2
		67-1	上边界	1.84	5.95	17.28	2.9	36.08	6.1
		67-2	中　间	1.85	6.25	20.70	3.3	38.23	6.1
		灭火	中　间	1.81	6.21			42.49	6.8
		66-9	下边界	1.93	6.25	27.37	4.4	47.77	7.6
		67-3	下边界	1.90	6.01	22.90	3.8	52.17	8.6
	305	75-8 注	上边界	2.00	6.00			44.50	7.4
		75-7 注	上边界	2.00	6.00			41.30	6.9
		75-6 注	上边界	2.00	6.00			40.10	6.7
第四分层	301	67-4	上边界	2.04	8.47	23.15	2.7	35.50	4.2
		68-1	上边界	1.97	7.92	21.59	2.7	36.01	4.5
		68-2	中　间	1.50	7.75	24.71	3.2	43.17	5.6
		67-5	下边界	1.91	8.14			49.10	6.0
		68-3	下边界	1.79	7.80	22.32	3.0	45.35	5.8

表 2-2　柴里煤矿软弱覆岩垮落带、导水裂缝带高度实测结果

分层	工作面	孔号	钻孔位置	分层采厚/m	累计采厚/m	冒高/m	冒高累计采厚比	裂高/m	裂高累计采厚比
第一分层	304	68-7	上边界	1.67	1.67			13.93	8.7
		69-1	上边界	1.90	1.90			15.02	7.9
	311	68-8	下边界	1.67	1.67			15.59	9.3
		72-1	上边界	1.80	1.80			15.00	8.3
		72-2	上边界	1.65	1.65			14.30	8.7
第二分层	304	70-1	上边界	1.75	3.40			19.36	5.7
		73-3	上边界	2.00	3.80			17.69	4.7
	311 东	73-4	下边界	1.70	3.50			31.75	9.1
第三分层	311 西	73-5	上边界	2.00	5.80			26.30	4.5
		73-6	下边界	1.80	5.30			30.00	5.7
		73-1 灭	上边界	1.90	5.60			23.00	4.1
		74-3 灭	上边界	1.90	5.60			24.00	4.3
		75-1	上边界	1.90	5.60	14.30	2.3	21.10	3.8
第四分层	311 东	75-3	上边界	2.10	7.85			20.10	2.8

表 2-2（续）

分层	工作面	孔号	钻孔位置	分层采厚/m	累计采厚/m	冒高/m	冒高累计采厚比	裂高/m	裂高累计采厚比
第五分层	304	73-1	上边界	1.80	9.00			27.60	3.1
	311 东	73-2	上边界	1.80	9.00			26.86	3.0
		76-3	上边界	2.30	10.80			14.70	1.4
		76-4	上边界	2.20	11.00			15.20	1.5

表 2-3　柴里煤矿 1~4 分层的冒高裂高采厚比实测统计结果

分层数	冒高累计采厚比		裂高累计采厚比	
	中央	下边界	中央	下边界
第一分层	3.0	4~5	12~14	14~16
第二分层	2.6	3~4	10~11	11~12
第三分层	2.8	3~3.5	8~9	9~10
第四分层	2.9	2.5~3.0	6~7	7~8

2. 邢台煤矿覆岩破坏观测实例

邢台煤矿煤系地层属石炭二迭系，试采煤层为 7 号煤层，煤厚 6.49 m，倾角 6°~8°。煤层局部有 0.6~2.1 m 厚的砂质页岩伪顶，节理发育，岩性破碎。以上为泥质胶结的中细砂岩，厚 17.69 m，煤层底板为砂质页岩，厚 17.12 m。地质构造简单。沿回风巷与运输巷外侧各有一条落差为 7 m 和 2 m 的正断层。本区内冲洪积层厚达 257~264 m。

表 2-4 为邢台煤矿 7303（冲）工作面垮落带、导水裂缝带高度实测结果。该工作面倾斜长为 110~170 m，走向长为 460 m，采煤方法为倾斜分层人工假顶下行垮落法，工作面沿煤层伪倾斜方向由深部向浅部推进。观测结果表明，在顶分层开采时，冒高采厚比为 2.3~3.8，裂高采厚比为 13.8~15.3；在中分层开采时，冒高采厚比为 3.6，裂高采厚比为 8.9；在下分层开采时，冒高采厚比为 2.4，裂高采厚比为 6.1。

表 2-4　邢台煤矿 7303（冲）工作面垮落带、导水裂缝带高度实测结果

分层	孔号	钻孔位置	分层采厚/m	累计采厚/m	冒高/m	冒高累计采厚比	裂高/m	裂高累计采厚比
顶分层	75-2	上边界	1.8	1.8	6.80	3.8	27.40	15.2
	75-3	上边界	1.8	1.8	5.70	3.2	27.60	15.3
	75-4	上边界	1.8	1.8	5.60	3.7	26.30	14.6
	75-5	上边界	1.8	1.8	5.00	2.8	26.80	14.9
	75-7	上边界	1.8	1.8	4.30	2.4	24.80	13.8
	75-8	上边界	1.8	1.8	4.20	2.3	27.00	15.0
	75-9	上边界	1.8	1.8	4.80	2.7	26.00	14.4

表2-4（续）

分层	孔号	钻孔位置	分层采厚/m	累计采厚/m	冒高/m	冒高累计采厚比	裂高/m	裂高累计采厚比
中分层	76-4	上边界	2.1	3.9	10.7	2.2	34.7	8.9
	76-1	上边界	2.1	3.9	14.1	3.6	34.1	8.8
	76-2	上边界	2.1	3.9	12.4	3.2		
	76-3	上边界	2.1	3.9	9.1	2.3		
	76-6	上边界	2.1	3.9	8.7	2.2		
	76-5	上边界	2.1	3.9	10.5	2.7		
	76-7	上边界	2.1	3.9	12.4	3.2		
	76-9	上边界	2.1	3.9	9.1	2.3		
底分层	77-1	上边界	2.1	6.0	8.0	1.4	36.8	6.1
	77-2	上边界	2.1	6.0	13.3	2.2		
	77-3	上边界	2.1	6.0	14.6	2.4		
	77-4	上边界	2.1	6.0	10.2	1.7		

3. 梅河煤矿覆岩破坏观测实例

辽源梅河矿区煤系地层属老第三系，主要可采煤层为12号煤层，煤层厚5~12 m，局部达30 m，煤层倾角为25°~35°，煤质为褐煤，顶板为厚约60 m的黑褐色泥岩。煤系地层被第四系松散层覆盖，第四系松散层厚约33 m。

表2-5为梅河煤矿一井垮落带、导水裂缝带高度实测结果，从表中可以看出：在第一分层开采时，冒高采厚比为1.66，裂高采厚比为16.4；在第二分层开采时，冒高采厚比为2.19，裂高采厚比为10.2；在第三分层开采时，冒高采厚比为1.46，裂高采厚比为6.5；在第四分层开采时，冒高采厚比为1.28，裂高采厚比为5.2。垮落带、导水裂缝带的分布形态呈中间略高的拱形。

表2-5　梅河煤矿一井垮落带、导水裂缝带高度实测结果

分层	孔号	钻孔位置	分层采厚/m	累计采厚/m	冒高/m	冒高累计采厚比	裂高/m	裂高累计采厚比
第一分层	71-1	上边界	2.3	2.3	4.5	1.96	38.0	16.5
	71-2	上边界	2.3	2.3	3.4	1.48	36.6	15.9
	71-补4	上边界	2.3	2.3	3.5	1.52	37.2	16.2
	71-5	中　部	2.3	2.3	3.9	1.70	41.5	18.0
	71-6	下边界	2.3	2.3	3.6	1.57	36.2	15.7
	71-7	下边界	2.3	2.3	4.0	1.74	36.6	15.9
第二分层	71-补8	上边界	2.3	4.6	10.0	2.17	42.0	9.1
	71-9	上边界	2.3	4.6	14.0	3.04	46.3	10.0
	71-10	上边界	2.3	4.6	7.5	1.63	48.5	10.5
	71-11	中　部	2.3	4.6	10.5	2.28	54.8	11.9
	71-12	下边界	2.3	4.6	8.5	1.85	45.2	9.8

表 2-5（续）

分层	孔号	钻孔位置	分层采厚/m	累计采厚/m	冒高/m	冒高累计采厚比	裂高/m	裂高累计采厚比
第三分层	71-13	上边界	2.3	6.9	10.6	1.54	40.6	5.9
	71-14	中　部	2.3	6.9	12.3	1.78	53.1	7.7
	72-15	下边界	2.3	6.9	7.4	1.07	40.7	5.9
第四分层	72-17	上边界	2.3	9.2	15.3	1.66	50.2	5.5
	72-18	上边界	2.3	9.2	15.6	1.70	51.1	5.6
	72-19	中　部	2.3	9.2	8.7	0.95	54.2	5.9
	72-20	下边界	2.3	9.2	7.4	0.80	34.9	3.8

4. 李咀孜煤矿覆岩破坏观测实例

李咀孜煤矿煤系地层属二叠系石盒子组地层，划分为 A、B、C 三组，可采煤层总厚度 23.72 m。试采区为东二采区，试采煤层为 C_{15} 煤层、C_{13} 煤层，煤层厚度分别为 1.1 m、6.5 m，煤层倾角 43°~51°。煤层顶板由砂岩、砂页岩、页岩组成，其上不整合覆盖有厚约 40 余米的第四系地层，其岩性自下而上为泥灰岩组、含水砂层和表土层。

表 2-6 为李咀孜煤矿垮落带、导水裂缝带高度实测结果。由实测数据可知，C_{15} 煤层初次采动导水裂缝带最大高度为 21.84 m，裂高采厚比为 19.9。C_{13} 煤层第一分层开采导水裂缝带最大高度为 40.43 m，裂高采厚比为 13.9；第二分层开采导水裂缝带最大高度为 42.61 m，裂高采厚比为 9.1；第三分层开采导水裂缝带最大高度为 51.67 m，裂高采厚比为 7.8。C_{13} 煤层分两层（上分层采厚 1.8 m，下分层采厚 3.6 m）全采后导水裂缝带最大高度为 49.28 m，裂高采厚比为 9.1。

表 2-6　李咀孜煤矿垮落带、导水裂缝带高度实测结果

煤层	分层	孔号	钻孔位置	分层采厚/m	累计采厚/m	裂高/m	裂高累计采厚比
东翼 C_{15}	薄煤层	冒 7	风巷上 7 m	1.1	1.1	11.68	10.6
		冒 1	风巷处	1.1	1.1	18.54	16.8
		冒 13	风巷上 25 m	1.1	1.1	18.51	16.8
		冒 12	风巷下 8 m	1.1	1.1	21.51	19.6
		冒 3	风巷下 17 m	1.1	1.1	9.01	8.2
		冒 9	风巷下 1 m	1.1	1.1	13.20	12.0
		冒 10	风巷下 8 m	1.1	1.1	21.84	19.9
东翼 C_{13}	第一分层	冒 15	风巷下 5m	1.8	2.9	36.89	12.7
		冒 20	风巷下 9m	1.8	2.9	35.64	12.3
		冒 22	风巷下 17m	1.8	2.9	40.43	13.9
	第二分层	冒 33	风巷下 13m	1.8	4.7	35.58	7.6
		冒 34	风巷下 20m	1.8	4.7	42.61	9.1
	第三分层	冒 36	风巷下 12m	1.8	6.6	51.67	7.8
		冒 40	风巷下 21m	1.8	6.6	47.26	7.2

表 2-6(续)

煤层	分层	孔号	钻孔位置	分层采厚/m	累计采厚/m	裂高/m	裂高累计采厚比
西翼 C_{13}	第二分层	冒 25	风巷处	3.6	5.4	45.79	8.5
		冒 17	风巷处	3.6	5.4	49.28	9.1
		冒 18	风巷下 9m	3.6	5.4	49.28	9.1
		冒 19	风巷下 16m	3.6	5.4	41.65	7.7

5. 五阳煤矿覆岩破坏观测实例

五阳煤矿煤系地层属石炭二迭系，主要可采煤层为山西组 3 号煤层，煤层厚度平均 6 m，煤层倾角 7°~14°，煤层上覆岩层主要由铝质泥岩、砂质泥岩、细砂岩、中粗砂岩、第四系黄土层组成，其中第四系黄土层厚 10~30 m。

表 2-7 为五阳煤矿普采条件下导水裂缝带高度实测结果，该观测结果是在本矿东一上山采区 1114、1115、1116 工作面观测到的。由表 2-7 可知：在第一分层开采时，裂高采厚比为 21.6；在第二分层开采时，裂高采厚比为 11.1；在第三分层开采时，裂高采厚比为 8.2。

表 2-7　五阳煤矿普采条件下导水裂缝带高度实测结果

孔号	煤层采厚/m	累计采厚/m	分层数	裂高/m	裂高采厚比
2	2.0	2.0	1	43.1	21.6
3	2.0	4.0	2	44.7	11.2
4	2.0	4.0	2	47.9	12.0
5	2.0	4.0	2	41.0	10.2
6	2.0	6.0	3	45.7	7.6
7	2.0	6.0	3	48.3	8.0
8	2.0	6.0	3	54.8	9.1

2.3.2 影响导水裂缝带发育的主要因素

采动过程中所形成的最大导水裂缝带高度取决于上覆岩层的性质、煤层的开采厚度、采空区的尺寸、采煤方法和顶板管理方法、采后时间等因素。

1. 覆岩岩性的影响

上覆岩层的顶板岩性及其组合关系对煤层采后导水裂缝带的发育有极大的影响，岩性越硬，所发育的导水裂缝带越高，顶板岩层越软，所发育的导水裂缝带高度越小。

一般其上覆岩岩性组合大致可分为四种类型：①软弱-软弱型；②坚硬-软弱型；③软弱-坚硬型；④坚硬-坚硬型。在其他条件相同的情况下，其导水裂缝带的发育高度按上述类型依次增大。

坚硬-坚硬型顶板从直接顶到基本顶全部为坚硬岩层，稳定性很好。在冒落的发生、发展过程中，覆岩的下沉量较小，因此开采空间和冒落的岩层本身空间几乎全部被冒落的岩块碎胀充填，冒落过程发展得最充分，岩层开裂后不易密合和恢复原有隔水能力，导水裂缝带也最大，一般可达采厚的 18~30 倍。

软弱-软弱型顶板从直接顶到基本顶全部为软弱岩层，稳定性差，工作面回柱后顶板立即冒落。在冒落的发生、发展过程中，覆岩的下沉量较大，开采空间和冒落的岩层本身空间由于覆岩下沉而不断地缩小，因此，冒落过程得不到充分发展，岩层开裂后易于密合和恢复原有隔水能力，导水裂缝带最大高度一般为采厚的 8～12 倍。它对水体下安全采煤是最有利的。

软弱-坚硬型顶板的直接顶为软弱岩层，基本顶为坚硬岩层。在冒落的发生、发展过程中，基本顶的下沉速度很慢，下沉量很小，开采空间和冒落岩层本身的空间几乎全靠冒落的碎胀岩块充填。在这种情况下，导水裂缝带比较发育。

坚硬-软弱型顶板其直接顶为坚硬岩层，基本顶为软弱岩层。在这种情况下，直接顶发生冒落后，基本顶随即下沉，减少了开采空间和冒落岩层本身空间，因此冒落过程得不到充分发展，导水裂缝带高度比较小。在厚松散层下开采时，当回采工作面接近松散层底部时，顶板条件即属于这种类型。

如淮南李咀孜煤矿在淮河下开采所取得的试验资料表明，覆岩组合为软弱-坚硬型的裂高值大于覆岩组合为坚硬-软弱型的裂高值。在开采坚硬-软弱型的 C_{15}、C_{13} 煤层组时，累计采厚为 6.5 m(开采四个分层)，所取得的最大导水裂缝带高度为 51.59 m，相当于采厚的 7.94 倍；而开采软弱-坚硬型的 B_9～B_7 煤层组时，累计采厚为 7.6 m(开采四个分层)，所取得的最大导水裂缝带高度为 68.34 m，相当于采厚的 8.99 倍。

又如枣庄柴里煤矿，在风化带附近软弱覆岩条件下的导水裂缝带发育高度，要比本矿中硬覆岩条件下的导水裂缝带发育高度小得多。特别是 301 工作面，由于风道附近裂高受软弱风化带影响，其导水裂缝带发育高度要比相同条件下工作面下运道附近的裂高值降低 25%～30%。

2. 煤层开采厚度的影响

根据柴里、梅河、淮南、淮北、黄县等矿区的现场实测资料，在缓倾斜煤层不分层初次采动即开采单一薄、中厚煤层及厚煤层的第一分层时，导水裂缝带的发育高度与采厚近似地呈直线关系（图 2-6）。采厚增加，导水裂缝带高度成线性比例增加。

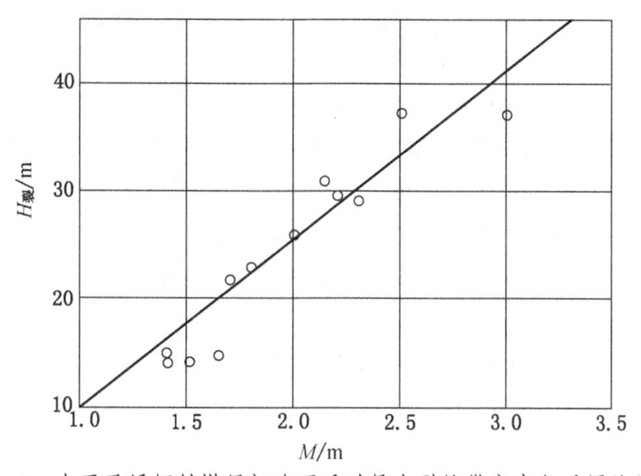

图 2-6　水平及缓倾斜煤层初次开采时导水裂缝带高度与采厚的关系

在分层重复采动即分层开采厚及特厚煤层时，导水裂缝带的发育高度与累计采厚近似地呈分式函数关系，或与累计采厚的平方根近似成正比。采厚等量地增加，导水裂缝带高度增加的幅度却越来越小，具体如图 2-7 所示。

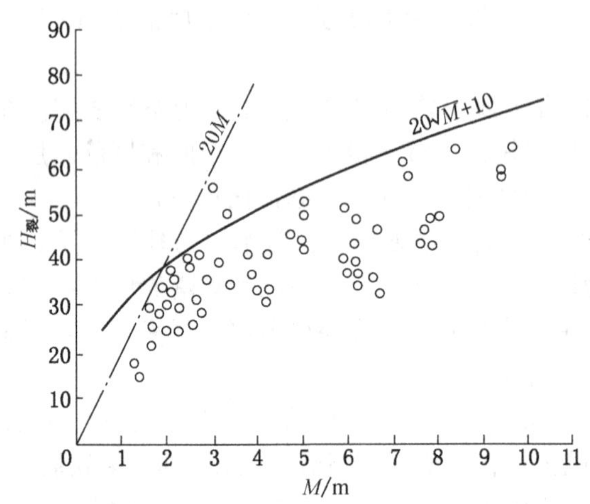

图 2-7　水平及缓倾斜煤层分层重复开采时导水裂缝带高度与累计采厚的关系

同缓倾斜煤层一样，采厚或煤厚是造成急倾斜煤层覆岩破坏的最主要因素。采厚越大，覆岩破坏范围越大。值得特别指出的是，采空区上边界所采煤层的抽冒是开采急倾斜煤层的一种普遍现象。一般地说，在顶、底板岩性和所采煤层性质相同的情况下，煤厚越大，发生这种抽冒的可能性越大。

3. 采空区尺寸的影响

在开采缓倾斜煤层时，从覆岩破坏的角度来说，覆岩破坏达到最大高度的开采面积，比地表移动达到充分采动的开采面积小得多。当采用单一长壁全部垮落采煤法时，在工作面放顶线后方冒落岩石堆接顶的地方，其垮落带最大高度就达到了最大值（顶板极坚硬者除外）。导水裂缝带高度则在经过回采工作面第一次放顶和基本顶周期来压后再推进 30 m 左右以及地表出现最大下沉速度时出现，该距离一般小于 100 m，可作为走向方向临界采长。由此可以近似地认为，倾斜方向采长接近走向临界采长时，即可形成最大裂高。当垮落带、导水裂缝带达到最大高度后，它就不再随采空区走向长度的增加而增长了。

在分层重复采动时，垮落带、导水裂缝带达到最大高度的开采面积却要小一些。

对于急倾斜煤层，因为走向方向的尺寸比较大，可以认为走向方向尺寸对形成最大裂高来说是充分的，导水裂缝带的最大高度主要取决于回采阶段的垂高。若想减小裂高最有效的采矿措施之一，就是采用长走向小阶段高的间歇采煤法。

4. 采煤方法和顶板管理方法的影响

采煤方法和顶板管理方法是控制覆岩破坏最大高度的重要因素。特别是顶板管理方法，它决定着覆岩破坏性影响的基本特征和最大高度。常见的顶板管理方法有全部垮落法、全部充填法和煤柱支撑三种。

采用全部垮落法管理顶板时，除了采厚极小（一般为 0.5~0.7 m 以下）时会引起顶板缓慢下沉，或顶板极为坚硬时不发生破坏，一般都发生冒落性和开裂性破坏，并具有

“三带”的性质。

采用全部充填法管理顶板时，一般只引起开裂性破坏，而无冒落性破坏，同时导水裂缝带的最大高度要比采用全部垮落法管理顶板时低得多。但在充填工作质量不好、充填材料质量很差、采厚很大等情况下，也可能在充填体上面发生冒落和开裂性破坏。关于充填开采条件下，导水裂缝带的发育规律研究很少，更缺乏现场实测数据，其导水裂缝带最大发育高度可以采用等效采厚的方法进行计算。

采用煤柱支撑法管理顶板时，常见的有条带法、房柱法、刀柱法等。根据煤柱的尺寸大小、采留比大小及采空区充填与否，覆岩的破坏状况和最大高度都不一样。一般情况下，采用条带法、房柱法时，能减小覆岩的破坏高度，甚至不引起覆岩破坏。采用刀柱法时，由于所留的煤柱较小，刀柱往往被压垮，覆岩仍发生冒落性和开裂性破坏。采用煤柱支撑法管理顶板时，导水裂缝带发育规律的研究同样很少，缺乏现场实测数据，其导水裂缝带最大发育高度可以根据采煤方法、采面宽度、采出率、煤柱稳定性等进行初步计算，重点是分析所留煤柱的稳定性。

5. 采后时间的影响

时间对导水裂缝带高度的升高和降低有一定的影响。了解和分析时间的影响，对水体下安全采煤，特别是对正确处理厚煤层分层开采及近距煤层群开采的间歇时间等问题有重要的意义。在确定进行覆岩破坏的现场观测时机时，也要考虑时间对观测结果的影响。

导水裂缝带高度发展的时间过程可以分为两个阶段。在导水裂缝带发展到最大高度以前，它是随着时间而增长的。从缓倾斜、中倾斜煤层导水裂缝带最大高度实测结果统计中可以看出，对于中硬覆岩，一般是在回采工作面回柱放顶后 1~2 个月的时间内，导水裂缝带达到最大值。对于坚硬岩层，导水裂缝带高度达到最大值的时间长一些。对于软弱岩层，导水裂缝带高度达到最大值的时间短一些。

当导水裂缝带高度发展到最大值以后，发展过程出现稳定，导水裂缝带高度有所降低。导水裂缝带高度的降低及降低幅度同覆岩的岩性及力学强度密切相关。当覆岩为坚硬岩层时，导水裂缝带最大高度随时间的增加基本上没有变化。当覆岩为软弱岩层时，导水裂缝带最大高度随时间的增加有所下降。例如，根据对开采单一煤层和厚煤层的第一分层软弱覆岩导水裂缝带高度 26 个钻孔观测结果的分析，导水裂缝带高度的稳定时间，最少的为 0.73 个月，一般为 6~9 个月，最多的为 12~17 个月。随后，随着时间的增加，导水裂缝带高度有所降低（图 2-8）。又如孔集煤矿在西四石门西 C_{13} 煤层-80 m 观测巷，向采空区施工了 7 个覆岩破坏观测孔，观测资料表明：在软弱覆岩条件下，时间因素影响明显，采后 5.5 个月裂高减小了 15.9%，16 个月后减小了 45.4%，平均每月减小 1.3 m。当覆岩为中硬岩层时，导水裂缝带高度与时间没有十分明显的关系，随着时间的增加，有的出现降低现象，有的变化不大。

6. 断层构造的影响

在有断层等地质构造破坏的区域，根据断层同采空区的位置关系和断层带的透水性，垮落带、导水裂缝带的最大高度及破坏特征同未受地质构造破坏的地区相比将有不同程度的变化。例如，断层位于正常的导水裂缝带范围内时（图 2-9），垮落带、导水裂缝带的变化不大，但导水裂缝带内岩层的破坏程度可能加剧，使其渗透性增大。断层位于正常垮

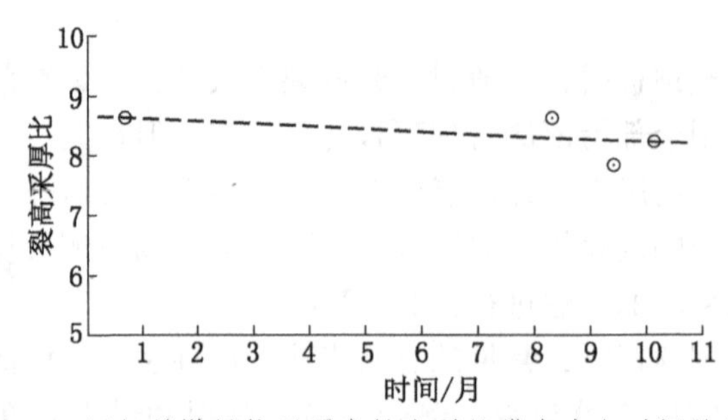

图 2-8 缓倾斜煤层软弱覆岩导水裂缝带高度与时间的关系

落带、导水裂缝带范围外时（图 2-10），导水裂缝带范围可能扩大，但断层对垮落带、导水裂缝带内岩层的破坏程度影响不大。

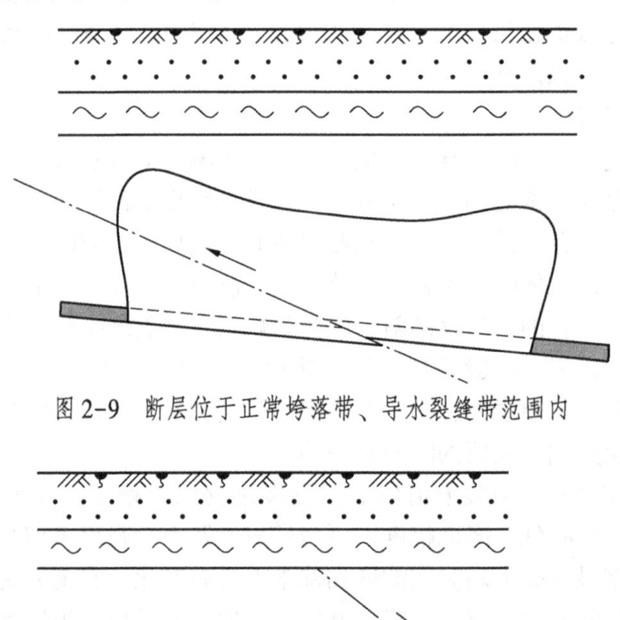
图 2-9 断层位于正常垮落带、导水裂缝带范围内

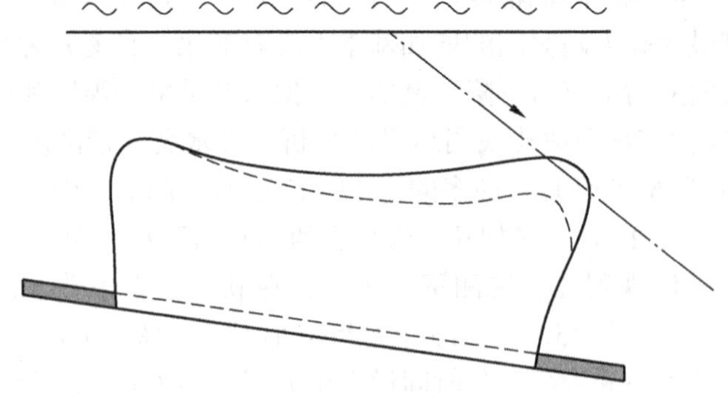
图 2-10 断层位于正常垮落带、导水裂缝带范围外

地质构造破坏对垮落带、导水裂缝带高度的影响是十分复杂的，对水体下安全采煤的威胁和危害也是很大的。特别是当采掘工作面接近较大的断裂带时，可能发生宝塔形破坏，造成溃水、溃砂重大事故。因此，在有断层、褶曲等构造破坏的地区，对断层的导水性及受破坏性影响的程度要特别慎重地进行分析研究。

2.3.3 覆岩破坏最大高度的计算

在确定垮落带和导水裂缝带高度时，最好利用本矿区实测的覆岩破坏观测数据和经验公式。无观测数据和经验公式时，可借鉴类似条件下的经验公式进行计算，或参考“三下”采煤规范中的有关公式进行计算。下面介绍“三下”采煤规范及指南中有关垮落带和导水裂缝带高度的计算公式。

1. 垮落带和导水裂缝带高度的计算

1）缓倾斜（0°~35°）、中倾斜（36°~54°）煤层

（1）垮落带高度：

①如果煤层顶板覆岩内有极坚硬岩层，采后能形成悬顶时，其下方的垮落带最大高度可采用下式计算：

$$H_m = \frac{M}{(K-1)\cos\alpha} \tag{2-1}$$

式中 M——煤层采厚，m；

K——冒落岩石碎胀系数；

α——煤层倾角，(°)。

②当煤层顶板覆岩内为坚硬、中硬、软弱、极软弱岩层或其互层时，开采单一煤层的垮落带最大高度可采用下式计算：

$$H_m = \frac{M-W}{(K-1)\cos\alpha} \tag{2-2}$$

式中 W——冒落过程中顶板的下沉值，m。

③当煤层顶板覆岩内为坚硬、中硬、软弱、极软弱岩层或其互层时，厚煤层分层开采的垮落带最大高度可采用表 2-8 中的公式计算。

表 2-8 厚煤层分层开采的垮落带高度计算公式 m

覆岩岩性(单向抗压强度及主要岩石名称)	计算公式
坚硬(40~80 MPa，石英砂岩、石灰岩、砾岩)	$H_m = \frac{100\sum M}{2.1\sum M + 16} \pm 2.5$
中硬(20~40 MPa，砂岩、泥质灰岩、砂质页岩、页岩)	$H_m = \frac{100\sum M}{4.7\sum M + 19} \pm 2.2$
软弱(10~20 MPa，泥岩、泥质砂岩)	$H_m = \frac{100\sum M}{6.2\sum M + 32} \pm 1.5$
极软弱(<10 MPa，铝土岩、风化泥岩、黏土、砂质黏土)	$H_m = \frac{100\sum M}{7.0\sum M + 63} \pm 1.2$

注：1. $\sum M$— 累计采厚，m。

2. 公式应用范围：单层采厚 1 ~ 3 m，累计采厚不超过 15 m。

3. 计算公式中 ± 号项为中误差。

（2）导水裂缝带高度：

煤层覆岩内为坚硬、中硬、软弱、极软弱岩层或其互层时，厚煤层分层开采的导水裂

缝带最大高度可选用表 2-9 中的公式计算。

表 2-9　厚煤层分层开采的导水裂缝带高度计算公式　　m

岩性	计算公式一	计算公式二
坚硬	$H_{li}=\dfrac{100\Sigma M}{1.2\Sigma M+2.0}\pm 8.9$	$H_{li}=30\sqrt{\Sigma M}+10$
中硬	$H_{li}=\dfrac{100\Sigma M}{1.6\Sigma M+3.6}\pm 5.6$	$H_{li}=20\sqrt{\Sigma M}+10$
软弱	$H_{li}=\dfrac{100\Sigma M}{3.1\Sigma M+5.0}\pm 4.0$	$H_{li}=10\sqrt{\Sigma M}+5$
极软弱	$H_{li}=\dfrac{100\Sigma M}{5.0\Sigma M+8.0}\pm 3.0$	

2）急倾斜煤层（55°~90°）

煤层顶、底板为坚硬、中硬、软弱岩层，用垮落法开采时的垮落带和导水裂缝带高度可用表 2-10 中的公式计算。

表 2-10　急倾斜煤层垮落带、导水裂缝带高度计算公式　　m

覆岩岩性	导水裂缝带高度	垮落带高度
坚硬	$H_{li}=\dfrac{100Mh}{4.1h+133}\pm 8.4$	$H_m=(0.4-0.5)H_{li}$
中硬、软弱	$H_{li}=\dfrac{100Mh}{7.5h+293}\pm 7.3$	$H_m=(0.4-0.5)H_{li}$

注：1. M— 煤层厚度，m；
　　2. h— 阶段垂高，m。

2. 近距离煤层垮落带和导水裂缝带高度的计算

（1）上、下两层煤的最小垂距 h 大于回采下层煤的垮落带高度 H_{xm} 时，上、下层煤的导水裂缝带最大高度可按上、下层煤的厚度分别用表 2-9 中的公式计算，取其中标高最高者作为两层煤的导水裂缝带最大高度（图 2-11）。

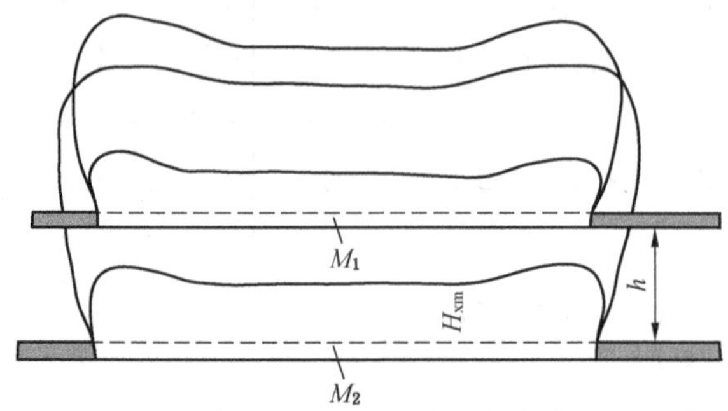

图 2-11　近距离煤层导水裂缝带高度计算（$h>H_{xm}$）

(2) 下层煤的垮落带接触到或完全进入上层煤范围内时，上层煤的导水裂缝带最大高度采用本层煤的开采厚度计算，下层煤的导水裂缝带最大高度则应采用上、下层煤的综合开采厚度计算，取其中标高最高者为两层煤的导水裂缝带最大高度（图 2-12）。

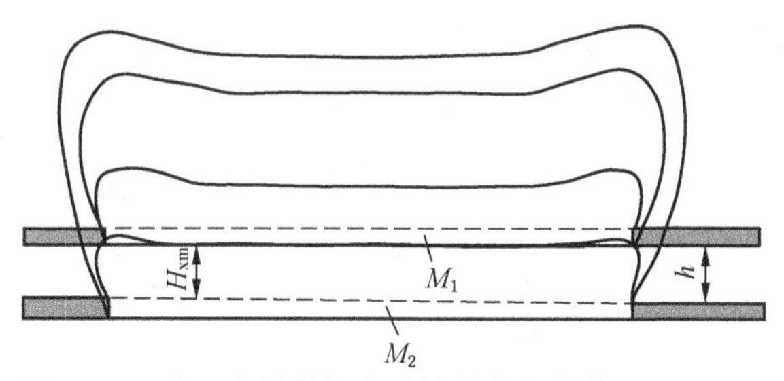

图 2-12　近距离煤层导水裂缝带高度计算（$h<H_{xm}$）

上、下层煤的综合开采厚度可按以式（2-3）计算（图 2-13）。

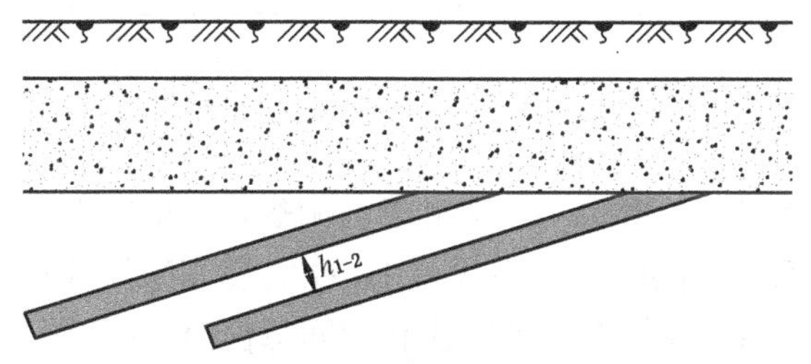

图 2-13　缓倾斜近距离煤层的综合开采厚度

$$M_{Z1-2}=M_2+\left(M_1-\frac{h_{1-2}}{y_2}\right) \tag{2-3}$$

式中　M_1——上层煤开采厚度，m；

M_2——下层煤开采厚度，m；

h_{1-2}——上、下层煤之间的法线距离，m；

y_2——下层煤的冒高与采厚之比。

(3) 如果上、下层煤之间的距离很小时，则综合开采厚度为累计厚度：

$$M_{Z1-2}=M_1+M_2 \tag{2-4}$$

2.4　分层综采条件下覆岩破坏规律

下面结合潞安矿区五阳煤矿、兖州矿区兴隆庄煤矿的观测资料，对分层综采条件下覆岩破坏规律加以阐述。

2.4.1　五阳煤矿分层综采覆岩破坏规律

1. 观测试验情况

五阳煤矿从 1986 年 8 月至 1994 年 8 月，结合漳河下采煤对分层综采条件下导水裂缝带发育规律进行了系统的观测和研究工作。在七三采区共施工 8 个地面裂高观测孔，其中分层综采顶分层时布置了 5 个裂高观测孔，综采底分层时布置 3 个裂高观测孔。

导水裂缝带高度观测采用地面钻孔简易水文观测（上下钻动水位、冲洗液消耗量、注水试验）和钻孔取芯鉴定的方法，其观测成果是经综合分析得到的，所取得的8个导水裂缝带高度观测资料见表2-11。

表2-11 五阳煤矿分层综采导水裂缝带观测结果

孔号	煤层采厚/m	累计采厚/m	距开切眼/m	距风巷/m	距运巷/m	裂高/m	裂高采厚比
D_1	3.1	3.1	264	80	73	65.35	21.1
D_2	3.2	3.2	270	138	15	74.75	23.4
D_3	2.95	2.95	326	90	90	59.94	20.3
D_4	3	3	348	15	165	60.98	20.3
D_5	2.8	2.8	404	167	13	63.87	22.8
D_6	2.9	5.93	320	86	80	70	11.8
D_7	3.22	6.18	492	151	15	90	14.6
D_8	2.91	5.78	620	16	150	91.7	15.9

2. 导水裂缝带发育规律

1）导水裂缝带的发育形态

根据表2-11的观测成果，图2-14绘出了五阳煤矿7305工作面导水裂缝带的发育形态。在开采7305工作面顶分层时，下边界处D_5孔的裂高采厚比比中间部位D_3孔的裂高采厚比大1.5，而上边界D_4孔的裂高采厚比和中间部位D_3孔相同，均是20.3倍，所以开采上分层时，采空区上方的裂高值相差不多，马鞍形的形态不明显。而开采7305工作面底分层时，工作面上边界D_8孔的裂高采厚比比中间部位D_6孔的大4.1，工作面下边界处D_7孔的裂高采厚比比中间部位D_6孔的大2.8，形成两边高中间低更加明显的马鞍形形态。

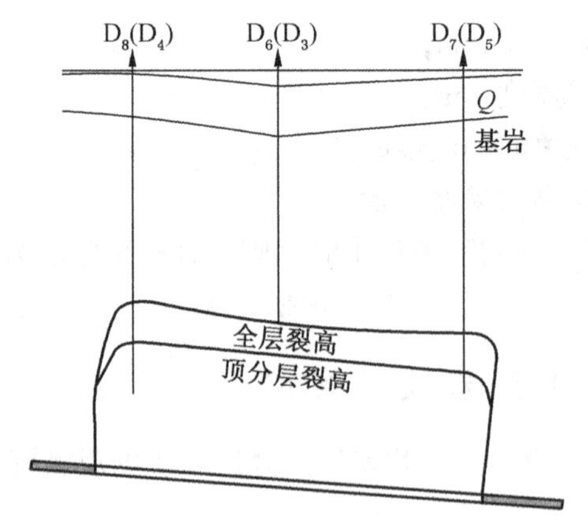

图2-14 五阳煤矿7305工作面导水裂缝带的发育形态

2）导水裂缝带高度与煤层采厚的关系

从表2-7(五阳煤矿普采条件下导水裂缝带高度观测结果)、表2-11不难看出，在初次采动时，普采的采厚为2.0 m，其裂高采厚比为21.6倍；分层综采的采厚平均为3.0 m，其相应的裂高采厚比为20.3~23.4倍，平均为21.6。两者的裂高采厚比基本相同，说明初次采动时其导水裂缝带高度几乎和单层采厚呈正比。

同时可以看出，在相同采厚的条件下，分层综采导水裂缝带的发育高度要比普采条件下大得多。如3号煤层全部开采后，普采条件下导水裂缝带高度平均为49.6 m，分层综采条件下导水裂缝带高度平均为83.9 m，分层综采导水裂缝带高度比普采增大1.69倍。

3. 分层综采导水裂缝带最大高度计算

由表2-11可以看出，分层综采首分层采厚为2.8～3.2 m，其导水裂缝带高度为60.98～74.75 m，裂高采厚比为20.3～23.4；第二分层采厚为2.9～3.22 m，其裂高为70.00～91.7 m，裂高采厚比为11.8～15.9。

根据五阳煤矿分层综采条件下8个裂高观测孔的观测结果，利用最小二乘法求取导水裂缝带最大高度预测的经验公式，即

$$H_{li} = 20.67\frac{M}{\sqrt{n}} + 10 \tag{2-5}$$

式中 M——煤层累计采厚，m；

n——开采分层数。

用上述经验公式预计的导水裂缝带最大高度比用“三下”采煤规程中给出的计算公式预计的偏大，这是由于“三下”采煤规程中的经验公式是基于普采条件下的试验研究结果，而分层综采具有采高大等特点，导水裂缝带较发育。

2.4.2 兴隆庄煤矿分层综采覆岩破坏规律

1. 观测试验情况

兴隆庄煤矿结合厚含水砂层下提高回采上限的试验研究，在二采区进行了系统的分层综采导水裂缝带的观测研究工作，共施工地面观测钻孔35个、井下观测钻孔5个，基本掌握了分层综采条件下覆岩破坏规律和导水裂缝带发育规律。

含煤地层为石炭二迭系，开采煤层为3号煤层，煤层赋存稳定，煤层厚度平均8.65 m，煤层倾角4°～10°。采用走向长壁倾斜分层综合机械化采煤法，分3个分层，顶板管理方法为全部垮落法。第四系松散层平均厚度约180 m。

工作面上方覆岩岩性自下而上为砂岩逐渐过渡为泥岩，岩石强度由硬逐渐变软，呈现出上软下硬的特点。煤层直接顶主要由粉砂岩组成，一般厚5 m左右，局部为粉细砂岩互层和中砂岩；基本顶为灰白色中砂岩，其下部为钙质胶结，较坚硬，厚3.2 m，中上部为泥质胶结，较软，遇水成糊状，厚14.8 m。基本顶以上岩层一般为粉砂岩、粉细砂岩和泥岩等互层，其强度一般较低。通过观测获得基本顶初次来压步距为42.5 m，周期来压步距平均为20.55 m，工作面来压并不强烈。

导水裂缝带高度的观测采用多种测试方法及手段进行，如钻孔冲洗液法、钻孔声速法、超声成像法、数字测井法以及井下观测巷钻探法等。表2-12为在2306、2308两个工作面所取得的导水裂缝带高度观测结果。

表2-12 兴隆庄煤矿分层综采导水裂缝带观测结果

工作面	孔号	煤层采厚/m	累计采厚/m	钻孔位置	裂高/m	裂高采厚比
2308-1	带1	2.8	2.8	上边界	17.93	6.4
	带2			中 间		
	带3			下边界		

表 2-12（续）

工作面	孔号	煤层采厚/m	累计采厚/m	钻孔位置	裂高/m	裂高采厚比
2306-1	带 4	2.8	2.8	上边界	40.34	14.41
	带 5			中　间	26.16	9.34
	带 6			下边界	38.96	13.91
2308-2	带 7	2.8	5.6	上边界	49.25	8.79
	带 8			上边界	51.48	9.19
	带 9			下边界	51.36	9.19

2. 导水裂缝带发育形态

分层综采条件下导水裂缝带的发育形态呈现为两边高中间低的马鞍形（图 2-15）。根据表 2-12、图 2-15 可知，综采一分层导水裂缝带最大高度在采空区上边界为 40.34 m，比采空区中部 26.16 m 高 54.2%；在采空区下边界为 38.96 m，比中部高 48.9%。从采空区上边界附近的实测剖面看，导水裂缝带最大高度发育最高的地方大约距采空区边界 20 m。

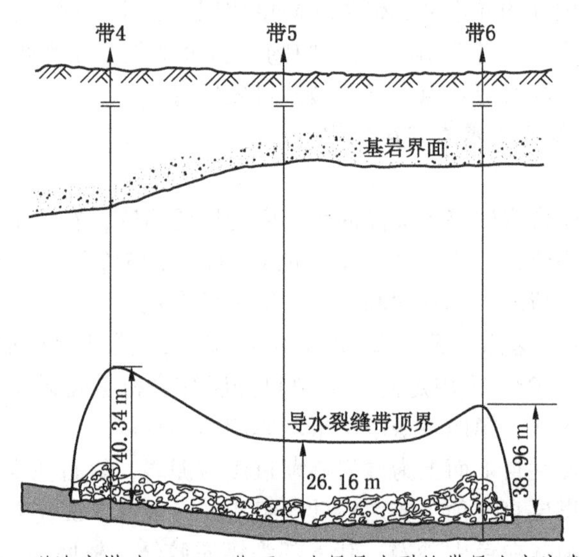

图 2-15　兴隆庄煤矿 2306 工作面一分层导水裂缝带最大高度发育形态

3. 分层综采导水裂缝带最大高度计算

根据现场观测钻孔的实测资料，兴隆庄煤矿分层综采条件下导水裂缝带的发育高度如下：一分层开采，导水裂缝带发育高度为 17.9～42.2 m，裂高采厚比为 6.4～15.9；二分层开采，导水裂缝带发育高度为 38.4～51.5 m，裂高采厚比为 7.4～9.2；三分层开采，导水裂缝带发育高度为 39.1～44.7 m，裂高采厚比为 4.6～5.2。

经统计分析，求出了分层综采条件下导水裂缝带最大高度的经验公式：

基岩柱垂高大于 80 m 时

$$H_{li} = \frac{100M}{1.64M + 2.36} \pm 3.13 \tag{2-6}$$

基岩柱垂高小于 80 m 时

$$H_{li}=\frac{100M}{2.32M+0.80}\pm2.36 \tag{2-7}$$

式中 M——煤层累计采厚，m。

2.5 综采放顶煤条件下覆岩破坏规律

2.5.1 现场观测试验研究

1. 潞安矿区覆岩破坏观测研究

潞安矿区王庄煤矿为解放绛河水体下压煤，在6206综放工作面开展了综采放顶煤条件下“两带”高度的观测研究，取得了比较满意的结果。

6206工作面位于王庄井田西南部，为六二采区首采工作面。该工作面开采下二迭系山西组3号煤层，煤层厚度6.2~6.8 m，煤层倾角1°~8°，工作面采长1780 m，采宽148~248 m，开始回采的刀把工作面采宽为148 m，长度约700 m，平均采深316 m，平均推进速度为7 m/d。采煤方法采用综采放顶煤一次采全厚，全陷法管理顶板。

3号煤层上覆岩层主要由中细砂岩、粉砂岩、砂质泥岩、泥岩和第四系黄土层组成，其中第四系黄土层厚度132 m左右，整个覆岩属于中硬偏硬。

“两带”高度观测孔K_1、K_2、K_3分别布在距开切眼距离为445 m、584 m、540 m的地方，其中K_1、K_3孔布置在风巷、运巷附近，K_2孔布置在工作面中间，相应位置煤层顶板采深分别为295.9 m、297.3 m、295.9 m，煤层有效采厚分别为5.9 m、5.2 m、5.7 m。

K_1孔首先施工，施工孔深229.34 m，后期由于套管变形无法继续钻进，仅获得了导水裂缝带的观测资料，并取芯进行了岩石物理力学性质试验，但是未获得垮落带高度的观测结果。

为了加快工程进度，快速取得其他两孔的“两带”高度的观测结果，克服工作面动态变形的破坏影响，对K_2和K_3孔采用无芯钻进方法，最终取得了“两带”高度的观测结果。

其中导水裂缝带高度的判断主要是根据钻进过程中上下钻动水位、冲洗液消耗量及相关层段的注水试验结果确定的。冒落带的高度是根据钻速的变化、掉钻、卡钻、吸风等情况确定的。有关三个观测孔的观测成果详见表2-13。

表2-13 王庄煤矿综放开采“两带”高度观测结果

孔号	有效采厚/m	距开切眼/m	距风巷/m	距运巷/m	裂高/m	冒高/m	裂高采厚比	冒高采厚比
K_1	5.90	445	22	126	114.67	—	19.44	—
K_2	5.20	584	70	78	102.27	19.35	19.67	3.72
K_3	5.70	540	128	20	114.87	35.70	20.15	6.26

从表2-13可以看出，K_1孔煤层有效采厚5.9 m，导水裂缝带高度为114.67 m，裂高采厚比为19.44；K_2孔煤层有效采厚5.2 m，导水裂缝带高度为102.27 m，裂高采厚比为19.67；K_3孔煤层有效采厚5.7 m，导水裂缝带高度为114.87 m，裂高采厚比为20.15。

K_2孔垮落带高度为19.35 m，垮落采厚比为3.72；K_3孔垮落带高度为35.70 m，垮落采厚比为6.26。由于工作面中间部位冒落岩层容易压实，冒高偏小，而边界由于煤壁的支撑作用冒落岩层不容易压实，其冒高偏大。

根据实测资料，图 2-16 绘出了 6206 综放工作面导水裂缝带的发育形态及冒落带的发育形态。不难看出，在综采放顶煤条件下导水裂缝带、冒落带均呈现出两边高中间低的马鞍形形态。

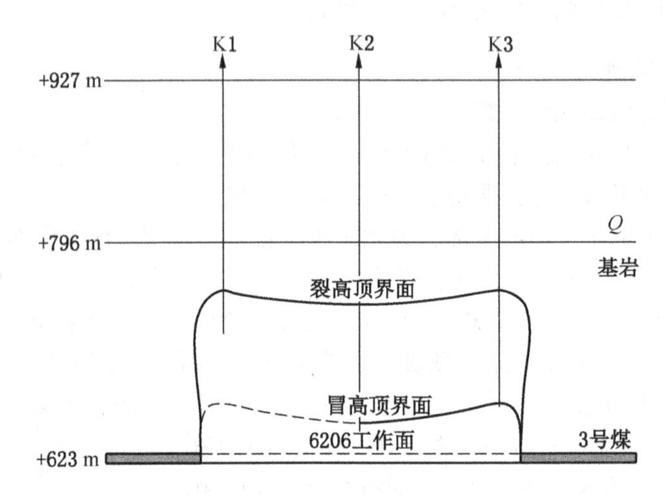

图 2-16　王庄煤矿 6206 综放工作面“两带”高度发育形态

另外，高河煤矿、郭庄煤矿也进行了综采放顶煤条件下“两带”高度的观测研究。其中高河煤矿在西一盘区 W1303 综放工作面运输巷内侧施工了 G_1 两带高度观测孔，实测导水裂缝带高度为 114.2 m，裂高采厚比为 19.1；郭庄煤矿在二采区 2309 工作面回风巷内侧施工了 F_1 两带高度观测孔，实测导水裂缝带高度为 103.8 m，裂高采厚比为 19.96。

为了对比分析，图 2-17 绘出了潞安矿区在开采 3 号煤层厚 6 m 左右条件下不同开采方法导水裂缝带高度和煤层采厚关系图，图 2-18 绘出了潞安矿区不同开采方法裂高采厚比和煤层采厚关系图。

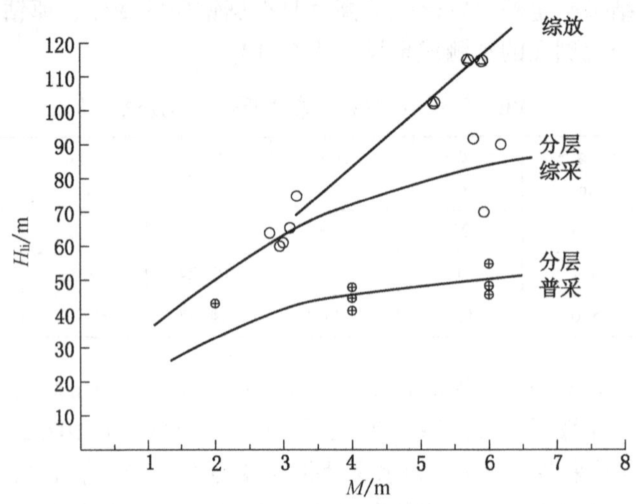

图 2-17　潞安矿区导水裂缝带高度和煤层采厚关系图

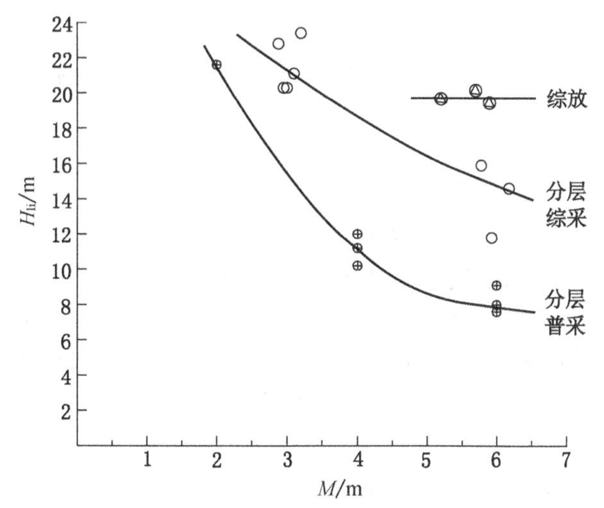

图 2-18 潞安矿区裂高采厚比和煤层采厚关系图

从图 2-17、图 2-18 可以看出，在同样采厚的条件下，采用综采放顶煤导水裂缝带最大高度为 114.67 m，采用分层综采导水裂缝带最大高度为 83.9 m，采用普采导水裂缝带最大高度为 49.6 m，综采放顶煤导水裂缝带最大高度比分层综采增大 1.37 倍，比普采条件下增大 2.31 倍。综采放顶煤条件下导水裂缝带要发育得多，分层开采是减小导水裂缝带发育的一个有效途径。

同时可以看出，综采放顶煤条件下裂高采厚比平均为 19.66，与潞安矿区普采、分层综采初次采动条件下的裂高采厚比（21.6，21.6）基本相同。说明在综放工作面一次采全高条件下的导水裂缝带发育规律，与分层开采初次采动条件下导水裂缝带发育的最大高度与煤层采厚成正比的规律是相近的。

根据现场实际观测结果，采用最小二乘法原理，求取导水裂缝带最大高度预测的经验公式：

$$H_{li} = 20.22M + 10 \tag{2-8}$$

式中 M——煤层有效采厚，m。

2. 兖州矿区覆岩破坏观测研究

兖州矿区结合松散含水层下采煤，系统开展了综采放顶煤条件下覆岩破坏规律的观测和研究工作。表 2-14 列出了该矿区兴隆庄煤矿、鲍店煤矿综采放顶煤条件下导水裂缝带高度观测结果。

表 2-14 兴隆庄、鲍店煤矿综采放顶煤导水裂缝带高度观测结果

煤矿	工作面	孔号	煤层采厚/m	钻孔位置	工作面推过钻孔/m	导水裂缝带高度/m	裂高采厚比
兴隆庄	5306	放 1	8.2	距风巷 15 m	189	76.7	11.1
		放 2	8.2	工作面中部	197	33.0	4.8
		放 3	8.3	距运巷 17 m	220	79.2	11.3
	4314	放 4	8.3	距风巷 18 m	212	54.0	7.7
		放 5	8.8	距风巷 23 m	139	66.5	9.0

表 2-14(续)

煤矿	工作面	孔号	煤层采厚/m	钻孔位置	工作面推过钻孔/m	导水裂缝带高度/m	裂高采厚比
鲍店	1316	L3	8.7	上边界		65.5	7.5
		L4	8.7	上边界		64.5	7.4

由表 2-14 可知，综放工作面的导水裂缝带高度为 33.0~79.2 m，裂高采厚比为 4.8~11.3。其中，采空区上边界附近导水裂缝带最大高度为 54.0~76.7 m，裂高采厚比为 7.4~11.1；采空区下边界附近导水裂缝带最大高度为 79.2 m，裂高采厚比为 11.3；采空区中央附近导水裂缝带最大高度为 33.0 m，裂高采厚比为 4.8。在综放条件下，导水裂缝带的发育形态呈现出明显的马鞍形形态，而且马鞍形分布形态的明显程度远大于炮采及分层综采情况。

兖州矿区在综放开采时，导水裂缝带的发育受到明显的抑制，最大导水裂缝带高度仅为 79.2 m，裂高采厚比为 11.3，一般在 10 倍左右。主要原因是：兖州矿区第四系松散层较厚，基岩较薄，基岩风化带内的岩层较软弱，且 3 号煤层上覆岩层的力学结构属于下硬上软性结构，因此在综采放顶煤开采条件下导水裂缝带的发育得到有效抑制，导水裂缝带发育高度往往表现出软弱岩层的特点。在浅部开采时，由于基岩更薄，这种特点更为突出。

兖州矿区的观测资料表明，在综采放顶煤条件下导水裂缝带最大高度与采厚的关系不是呈线形关系，而是近似地呈分式函数关系，但其关系曲线的上升速度却明显高于分层开采情况，即随着采厚增加，综放开采的导水裂缝带最大高度增加较快。图 2-19 绘出了兴隆庄煤矿导水裂缝带最大高度与采厚的关系。

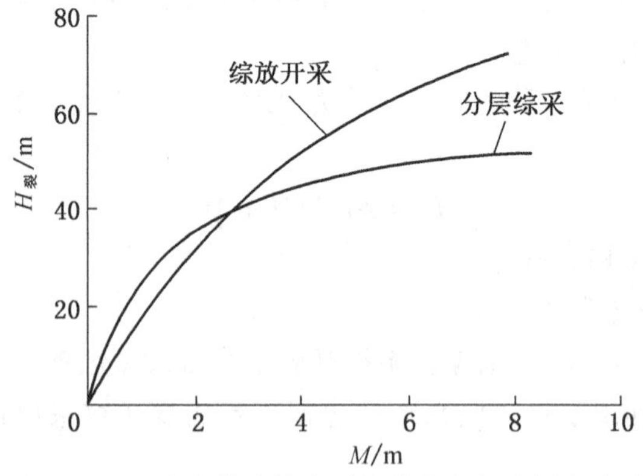

图 2-19　兴隆庄煤矿导水裂缝带高度与采厚的关系

根据兖州矿区实际观测结果统计分析，综采放顶煤条件下导水裂缝带最大高度按式(2-9)计算：

$$H_{li} = \frac{100M}{0.94M + 4.31} \pm 4.22 \tag{2-9}$$

式中　M——煤层有效采厚，m。

3. 淮南矿区覆岩破坏观测研究

淮南矿区结合生产实践，开展了综采放顶煤条件下覆岩破坏规律的观测和研究工作。表 2-15 列出了该矿区谢桥煤矿、潘一煤矿、张集煤矿综采放顶煤条件下导水裂缝带高度观测结果。

表 2-15　谢桥、潘一、张集煤矿综采放顶煤导水裂缝带高度观测结果

煤矿	工作面	孔号	煤层采厚/m	导水裂缝带高度/m	裂高采厚比	覆岩类性
谢桥	1121(3)	冒 1	6.0	67.88	11.31	软弱
		冒 3	4.8	54.79	11.41	软弱
	1221(3)	冒 4	5.0	73.28	14.66	中硬
	1211(3)	冒 6	4.0	44.96	11.24	软弱
潘一	2622(3)	冒 13	5.8	65.25	11.25	软弱
张集	1221(3)	冒 1	4.5	57.45	12.77	中硬
	1212(3)	冒 4	3.9	49.05	12.58	中硬

由表 2-15 可知，不同覆岩类型条件下产生的导水裂缝带高度有明显的差异。在软弱岩层条件下，综放工作面的导水裂缝带高度为 44.96～67.88 m，裂高采厚比为 11.24～11.41，平均为 11.30。而在中硬岩层条件下，综放工作面的导水裂缝带高度为 49.05～73.28 m，裂高采厚比为 12.58～14.66，平均为 13.34。相对于软弱顶板，中硬顶板岩性的导水裂缝带高度明显增大。

根据表 2-15 的观测结果，采用最小二乘法原理，求取软弱顶板岩层综采放顶煤条件下导水裂缝带高度预测的经验公式：

$$H_{li} = 11.29M + 0.98 \quad (2-10)$$

式中　M——煤层有效采厚，m。

4. 康平矿区覆岩破坏观测研究

康平煤田地处沈阳市康平县镜内，井田内有小康煤矿、大平煤矿（隶属铁法煤业集团）、高家煤矿和边家煤矿，井田面积约 67 km^2。地表为丘陵地形，地面标高为+80～+96 m。含煤地层为侏罗系，开采煤层为 1 煤、2 煤合层，煤层厚度 0.80～16.67 m，煤层倾角 2°～10°，覆岩岩性为中硬。

小康煤矿、大平煤矿结合水库下采煤，先后开展了综采放顶煤条件下覆岩破坏规律的观测和研究工作。表 2-16 列出了小康煤矿、大平煤矿综采放顶煤条件下导水裂缝带高度观测结果。

表 2-16　小康煤矿、大平煤矿综采放顶煤导水裂缝带高度观测结果

煤矿	工作面	孔号	煤层采厚/m	钻孔位置	导水裂缝带高度/m	裂高采厚比
小康	S1W3	1	10.73	距运巷 10 m	193.41	18.03
		3		距风巷 10 m	198.41	18.49
大平	N1N2	5	7.54	距运巷 20 m	185.08	24.55
	N1N4	7	11.40	工作面中部	227.70	19.97
		8		距风巷 12 m	194.64	17.07

由表2-16可知，康平煤田综采放顶煤条件下导水裂缝带最大高度与采厚的比值为17.07~24.55，平均为19.62，这一比值与中硬覆岩分层开采初次采动的裂高采厚比基本相近，说明综采放顶煤条件下导水裂缝带最大高度与采厚成正比。

5. 龙口矿区覆岩破坏观测研究

龙口矿区北皂煤矿结合海下采煤试验，在H2101、H2106工作面开展了综采放顶煤条件下覆岩破坏规律的观测和研究工作。观测是在井下工作面进行的，采用仰斜钻孔井下导高观测仪进行了导水裂缝带高度的观测。其中，H2101综放工作面共施工了5个采前对比观测钻孔和14个采后导高观测钻孔，有5个孔测试到导水裂缝带顶界面；H2106综放面共设置3个观测剖面，施工了4个采前对比观测钻孔和8个采后导高观测钻孔，有7个钻孔测试出了导水裂缝带的上限。表2-17列出了北皂煤矿综采放顶煤条件下导水裂缝带高度观测结果。由表2-17可知，2煤层开采后导水裂缝带最大高度为39.3 m，裂高采厚比为9.6。

6. 铜川矿区覆岩破坏观测研究

铜川矿区地处陕西渭北，矿区分南北两个独立的自然矿区，南为铜川区，北为焦坪矿区。焦坪矿区面积约103 km^2，地表为山区丘陵地形，开采煤层主要为侏罗系4-2煤层，煤层厚度平均10 m，煤层倾角5°~18°。

表2-17　北皂煤矿综采放顶煤导水裂缝带高度观测结果

工作面	孔号	煤层采厚/m	导水裂缝带高度/m	裂高采厚比	覆岩类性
H2101	A2	3.6	30	8.3	软弱
	A7		29	8.1	
	B1		30	8.3	
	B2		30	8.3	
	B6		29	8.1	
H2106	A1	4.1	36.6	8.9	软弱
	A3		35.7	8.7	
	B2		33.9	8.3	
	B3		34.5	8.4	
	B4		38.8	9.5	
	C1		34.5	8.4	
	C2		39.3	9.6	

为了确定焦坪矿区综采放顶煤条件下导水裂缝带发育高度，在玉华煤矿施工了两个钻孔，采用钻孔冲洗液法等综合手段进行了观测。观测结果表明，在综采放顶煤条件下垮落带最大高度为61 m，导水裂缝带最大高度为156 m，按煤层有效采厚8 m计算，冒高采厚比为7.63，裂高采厚比为19.5。这一比值与中硬覆岩薄煤层开采或厚煤层分层开采初次采动的裂高采厚比基本相同。

需要说明的是，玉华煤矿两个冒落孔是在工作面开采结束后施工的，随着时间的推移，煤层上覆岩层中的部分裂隙可能被压实，因此观测到的垮落带、导水裂缝带高度要比工作面开采时稍小些。

2.5.2 综采放顶煤导水裂缝带最大高度计算

1. 综采放顶煤导水裂缝带的发育特点

根据潞安、兖州、淮南、康平、龙口、铜川等矿区的实测资料，在综采放顶煤条件下导水裂缝带发育规律有以下特点：

（1）综采放顶煤条件下导水裂缝带的发育高度要比普采条件下、分层综采条件下大得多。例如潞安矿区，在同样采厚的条件下，综采放顶煤导水裂缝带最大高度比分层综采增大 1.37 倍，比普采增大 2.31 倍。

（2）综采放顶煤条件下裂高采厚比与分层开采初次采动的裂高采厚比基本相同，即导水裂缝带最大高度与采厚成正比。但在风化软弱岩层条件下，导水裂缝带的发育受到一定的抑制。

（3）综采放顶煤条件下，垮落带、导水裂缝带的发育形态仍呈马鞍形。在回风巷、运输巷的内侧，往往是垮落带、导水裂缝带最为发育的地方。

2. 综采放顶煤导水裂缝带最大高度计算

当煤层覆岩内为坚硬、中硬、软弱岩层或其互层时，厚煤层放顶煤开采的导水裂缝带最大高度可选用表 2-18 中的公式计算。

表 2-18　厚煤层放顶煤开采的导水裂缝带高度计算公式

岩性	计算公式之一	计算公式之二
坚硬	$H_{li}=\dfrac{100M}{0.15M+3.12}\pm11.18$	$H_{li}=30M+10$
中硬	$H_{li}=\dfrac{100M}{0.23M+6.10}\pm10.42$	$H_{li}=20M+10$
软弱	$H_{li}=\dfrac{100M}{0.31M+8.81}\pm8.21$	$H_{li}=10M+10$

注：1. M—采厚，m。

2. 公式应用范围：采厚 3.0~10 m。

3 地表沉陷变形规律

井下煤层开采后，将引起覆岩破坏与地表移动，地表移动是一个非常漫长的过程，对于长壁工作面正规大面积开采而言，地下煤层开采结束以后，当地表半年累计下沉量小于30 mm，此时可认为地表移动期基本结束。实践证明，在地表移动“衰退期”结束后，实际上地表还在持续缓慢地发生下沉且这个过程持续的时间更长。

在采煤塌陷区上方兴建建筑物，不仅需要考虑建（构）筑物附加荷载对开采沉陷区残余变形的影响，还需要考虑残余变形对建（构）筑物的影响。地表残余沉陷预测主要目的是预计采空区地表残余移动变形值，从而确定地表建（构）筑物周围地基沉降变形值，是进行采空区上方地表建设利用、地表建（构）筑物安全性分析以及采空区上方地表建（构）筑物抗变形设计的基础资料，是采空区地基稳定性评价中的重要组成部分，作用不可忽视。

3.1 地表沉陷的基本概念

3.1.1 地表移动与变形

1. 地表移动盆地

当地下工作面开采达到一定距离（为采深的1/4~1/3）后，地下开采便波及地表，使受采动影响的地表向下沉降，从而在采空区上方地表形成一个比采空区大得多的沉陷区域，这种地表沉陷区域称为地表移动盆地，或称下沉盆地（图3-1）。在地表移动盆地的形成过程中，逐渐改变了地表的原有形态，引起地表标高、水平位置的变化，其位移和变形有时会导致地表裂缝、滑坡和地表淹没等现象，进而导致位于影响范围的建（构）筑物、铁路、公路等的损害。地表移动的状态可用垂直移动和水平移动进行描述，常用的定量指标有下沉、倾斜、曲率、水平移动和水平变形。

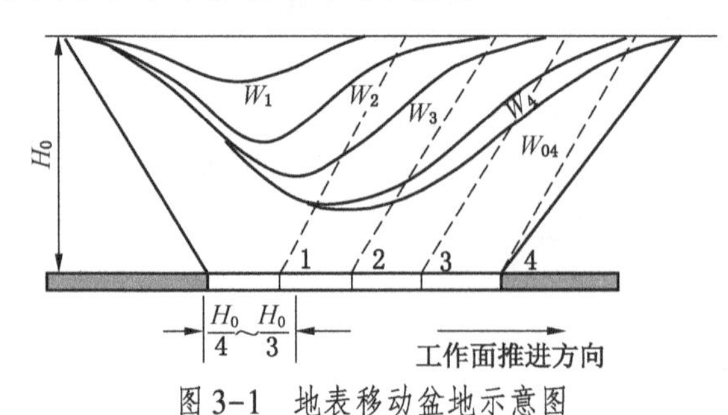

图3-1 地表移动盆地示意图

2. 充分采动和非充分采动

(1) 充分采动。充分采动是指地下矿层采出后地表下沉值达到该地质采矿条件下应有的最大值，此时的采动状态称为充分采动。此后，开采工作面的尺寸继续扩大，地表的影响范围也相应扩大，但地表最大下沉值却不再增加，地表移动盆地将出现平底。为加以区别，通常把地表移动盆地内只有一个点的下沉达到最大下沉值的采动状态称为刚好达到充分采动，此时的开采称为临界开采。地表有多个点的下沉值达到最大下沉值的采动情况称为超充分采动，此时的开采称为超临界开采，地表移动盆地呈盆形。

实测表明，当采空区的长度和宽度均达到或超过（1.2~1.4）H_0（H_0 为平均开采深度）时，地表达到充分采动。

（2）非充分采动。采空区尺寸（长度和宽度）小于该地质采矿条件下的临界开采尺寸时，地表最大下沉值未达到该地质采矿条件下应有的最大下沉值，称这种采动为非充分采动，此时地表移动盆地呈碗形。

工作面在一个方向（走向或倾向）达到临界开采尺寸而另一个方向未达到临界开采尺寸时，也属非充分采动，此时的地表移动盆地呈槽形。

3. 连续变形与非连续变形

当地表移动过程在时间和空间上具有连续渐变的性质，且不出现台阶状大裂缝、漏斗状塌陷坑等突变现象时，称为连续变形。在采深采厚比大于 25~30，无地质构造破坏和采用正规采煤方法开采的条件下，地表一般出现连续变形。连续变形的分布是有规律的，其基本指标可用数学方法或图解方法表示。

在采深采厚比小于 25~30 或虽大于 25~30，但煤层开采厚度较大，且采用分层综采、综采放顶煤等高强度开采时，或上覆岩层有地质构造破坏时，地表容易出现漏斗状塌陷坑，地堑状、台阶状破坏，称非连续变形。开采急倾斜煤层时容易出现非连续变形。非连续变形的基本指标目前尚无严密的数学方法表示。

4. 地表移动盆地的主断面

地表移动盆地内各点的移动和变形不完全相同，在正常情况下，移动和变形分布具有以下规律：①下沉等值线以采空区中心为原点呈椭圆形分布，椭圆的长轴位于工作面开采尺寸较大的方向；②盆地中心下沉值最大，向四周逐渐减小；③水平移动指向采空区中心，采空区中心上方地表几乎不产生水平移动，开采边界上方地表水平移动值最大，向外逐渐减小为零。

由于地表移动盆地内下沉值最大的点和水平移动值为零的点都在采空区中心，通过采空区中心与矿层走向平行或垂直的断面上地表的移动值最大，且在该断面上几乎不产生垂直于断面的水平移动，通常就将地表移动盆地内通过地表最大下沉点所做的沿矿层走向和倾向的垂直断面称为地表移动主断面，如图 3-2 中的 *A—A*、*B—B*。沿走向的主断面称为走向主断面，沿倾向的主断面称为倾向主断面。

从以上定义可以看出，地表非充分采动和刚达到充分采动时，沿走向和倾向分别只有一个主断面；而当地表超充分采动时，地表则有若干个最大下沉值，此时主断面无数个。如当走向达到充分采动、倾向未达到充分采动时，可作无数个倾向主断面，但只有一个走向主断面。

在水平矿层条件下，主断面一般位于采空区中心。在倾斜矿层开采条件下，倾向主断面位于采空区中心，走向主断面偏向矿层下山方向，用最大下沉角确定。

3.1.2 地表移动主断面内移动与变形的分布规律

1. 充分采动走向主断面内移动变形的分布规律

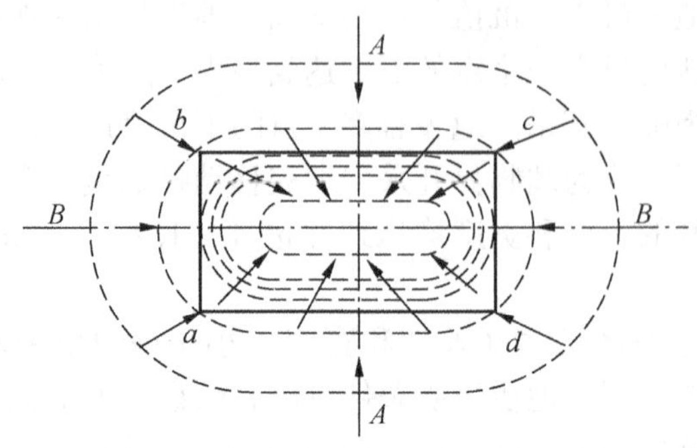

图 3-2　地表移动盆地下沉等值线图

图 3-3 为双向充分开采走向主断面的移动变形曲线，①~⑤依次为下沉曲线、倾斜曲线、曲率曲线、水平移动曲线、水平变形曲线。这些曲线的形态和特征表示了该主断面的移动变形分布规律。

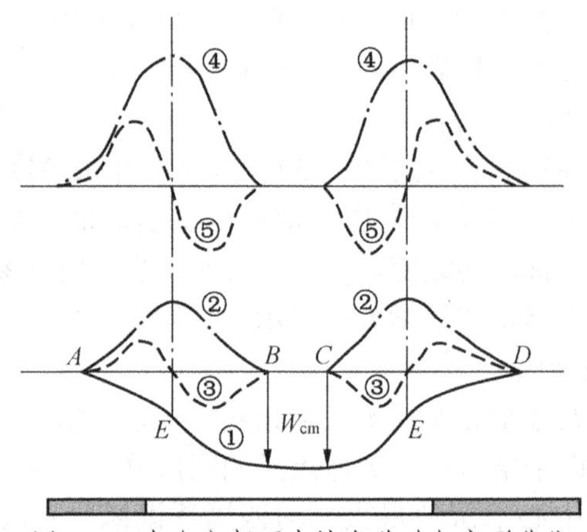

图 3-3　走向主断面内地表移动与变形曲线

如图 3-3 所示，由于采空区沿走向超过了充分开采的必要长度，*BC* 部分的地表下沉达到极限值，即为充分采动的最大下沉值 W_{cm}。在煤层采厚均匀的条件下，下沉盆地出现平底，此区域的倾斜和曲率因下沉值相等而都为 0。又由于 *BC* 部分只受重力作用，故水平移动和水平变形都为 0。移动盆地两侧 *AB* 和 *CD* 部分产生不均匀的移动和各种变形。当走向开采长度扩大时，只 *BC* 的长度相应扩大，*AB* 段和 *CD* 段将随之向外移动，充分采动主断面的移动变形规律即指此两侧的移动变形规律，其分布规律如下：

（1）下沉曲线。下沉值由盆地边界向采区中央逐渐增加，直至达到充分采动区的 W_{cm} 为止。拐点 *E* 处的下沉值近似为 $0.5W_{cm}$，当采区边界附近无老采空区时，拐点位于开采边界的采空区一侧约 $0.1H_0$ 处。以拐点为界，下沉曲线在煤层上方为凸形，在采空区上方为凹形。

（2）倾斜曲线。地表向采空区方向倾斜，最大倾斜值发生在 *E* 点。

（3）曲率曲线。曲率表示地表产生的弯曲，拐点 *E* 的曲率为零，煤层上方的曲率为正值，表示地表下沉后的形态为上凸；采空区上方的曲率为负值，表示地表向下凹。正、负区段各有一个最大曲率值。

（4）水平移动曲线。水平移动曲线与倾斜曲线形态相似而数值成比例。水平移动都大致指向采空区中央，最大值发生在 E 点。

（5）水平变形曲线。水平变形曲线与曲率曲线形态相似而数值成比例。E 点的水平变形值为零。以 E 为界，煤层上方为拉伸变形，取正号；采空区上方为压缩变形，取负号。正、负区各有一个最大水平变形值。

2. 充分采动倾斜主断面内移动变形的分布规律

由图 3-4 可知，因为煤层及覆岩的倾斜成层，地表移动盆地向下山方向偏移，使倾斜主断面的各移动变形曲线对采空区呈非对称形分布，它比走向主断面复杂。

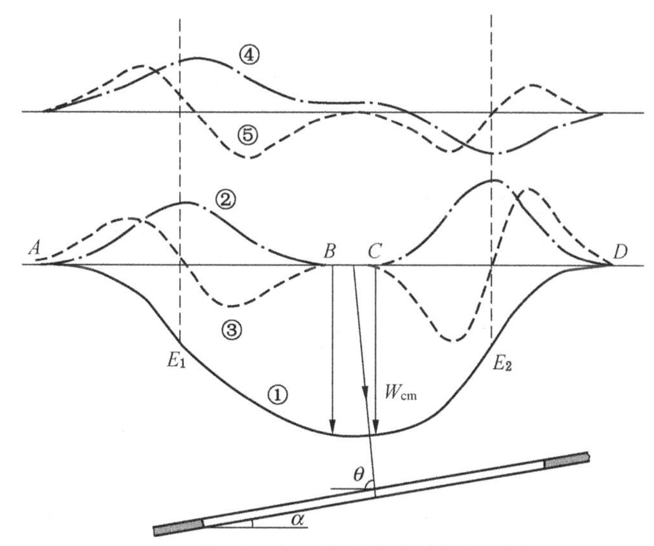

图 3-4　倾斜主断面内地表移动与变形曲线

在充分采动区 BC 段，移动向量达到极限，但因向量的移动方向介于铅垂方向和煤层法线方向之间即 θ 方向（θ 为最大下沉角），故其铅垂分量为 W_{cm}，水平分量为指向上山的水平移动，因为都是常量，故不存在变形。

两侧的 AB 段和 CD 段，由于上山边界的采深比下山小，所以影响范围 CD 段较 AB 段短，而移动变形曲线上山部分较下山部分陡。此外，由于影响传播方向为 θ 方向，所以两个拐点 E_1 和 E_2 都往下山方向偏移，并且其他四种移动和变形曲线的上山和下山部分均不完全成比例。

3. 非充分采动主断面的移动变形分布规律

如图 3-5、图 3-6 所示，在非充分采动的盆地中央 CB 区段，由于同时受到两侧煤层的支承作用而使下沉值和水平移动值减小，变形也发生变化。最主要的特点是只有一个最大下沉点，其下沉值为 W_0，而 $W_0 < W_{cm}$。由于非充分开采的叠加作用，有时负曲率和压缩变形大于充分开采时的最大值。当采动程度不同时，CB 的长度及该区段的移动变形曲线也随之变化，所以就整个主断面而言，非充分采动的移动变形曲线是不定型的。

4. 急倾斜煤层主断面的移动变形规律

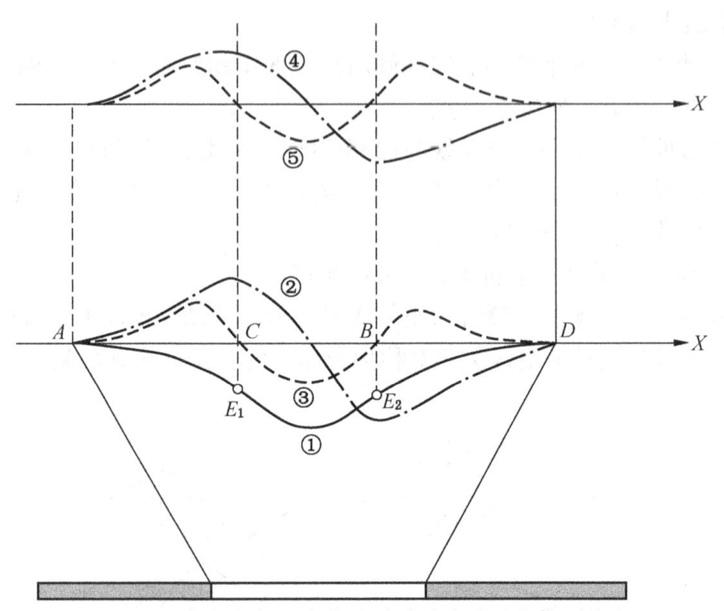

图 3-5 走向主断面非充分采动地表移动与变形曲线

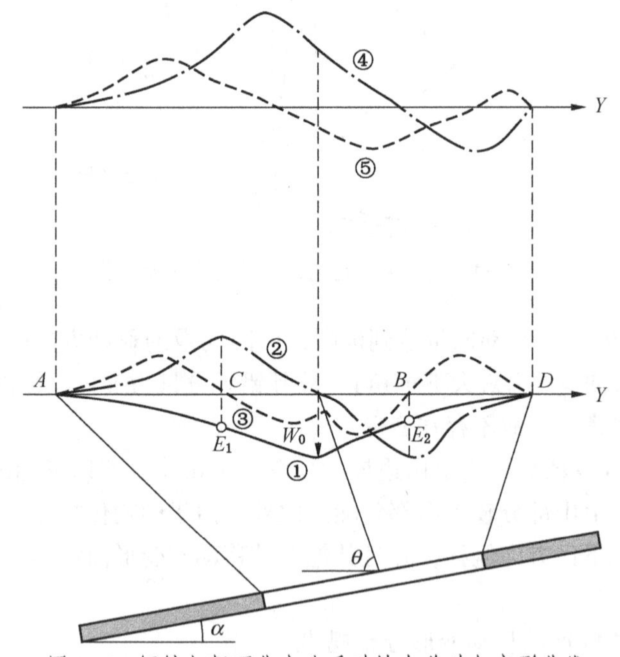

图 3-6 倾斜主断面非充分采动地表移动与变形曲线

急倾斜煤层就其整个移动盆地而言不存在充分开采条件，仅对走向主断面而言也有充分和非充分采动之分，充分采动走向主断面除最大下沉值为 W_0 外，其移动变形曲线的形态与图 3-3 相似。

急倾斜煤层的倾斜主断面不存在充分开采概念，故急倾斜煤层没有充分开采的最大下沉值 W_{cm}。随着煤层倾角的增加，移动盆地的非对称性增大且更向下山方向偏移（图 3-

7)。水平移动以指向上山方向为主，指向下山方向的水平移动很小。盆地中心的负曲率和压缩变形增大。但当煤层倾角增大到65°以上时，地表移动盆地的非对称性又趋于减小。

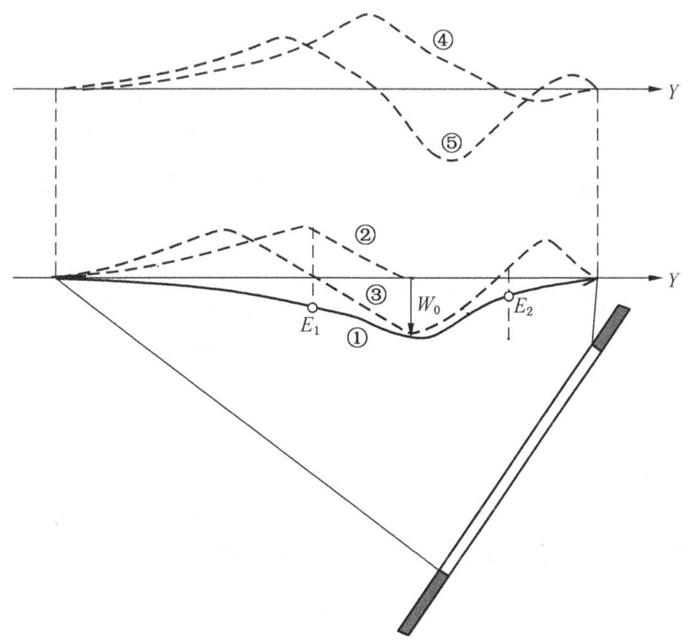

图 3-7　急倾斜煤层倾斜主断面地表移动与变形曲线

3.1.3 地表移动角值参数的确定

1. 边界角

在充分采动或接近充分采动条件下，地表移动盆地主断面上盆地边界点（下沉为10 mm）至采空区边界煤层底板的连线与水平线在煤柱一侧的夹角称为边界角。当有松散层存在时，应先从盆地边界点用松散层移动角画线和基岩与松散层的交接面相交，此交点至采空区边界的连线与水平线在煤柱一侧的夹角称为边界角。按不同的断面，边界角可区分为走向边界角、下山边界角、上山边界角、急倾斜矿层底板边界角，分别用δ_o、β_o、γ_o、λ_o表示。

2. 移动角

在充分采动或接近充分采动条件下，地表移动盆地主断面上三个临界变形中（$i=3$ mm/m，$\varepsilon=2$ mm/m，$k=0.2\times10^{-3}$/m）最外边的一个临界变形值点至采空区边界的连线与水平线在煤柱一侧的夹角称为移动角。当有松散层存在时，应先从最外边的临界变形值点用松散层移动角画线和基岩与松散层的交接面相交，此交点至采空区边界的连线与水平线在煤柱一侧的夹角称为移动角。按不同断面，移动角可区分为走向移动角、下山移动角、上山移动角、急倾斜矿层底板移动角，分别用δ、β、γ、λ表示。

3. 裂缝角

在充分采动或接近充分采动条件下，在地表移动盆地主断面上，移动盆地最外侧的地表裂缝至采空区边界的连线与水平线在煤柱一侧的夹角称为裂缝角。按不同断面，裂缝角可区分为走向裂缝角、下山裂缝角、上山裂缝角、急倾斜矿层底板裂缝角，分别用δ''、

β''、γ''、λ''表示。

4. 松散层移动角

松散层移动角用 φ 表示。它不受矿层和基岩倾角的影响，主要与松散层的特性有关。

5. 充分采动角

在充分采动条件下的地表移动盆地主断面上，移动盆地平底的边缘（在地表水平线上的投影点）和同侧采空区边界的连线与矿层在采空区一侧的夹角称为充分采动角。按不同断面，充分采动角可分为走向充分采动角、下山充分采动角、上山充分采动角，分别用 φ_3、φ_1、φ_2 表示。

6. 最大下沉角

非充分采动时，地表下沉盆地倾斜主断面上实测地表下沉曲线的最大下沉点（或倾斜为零的点）至采空区中心连线与水平线在下山一侧的夹角称为最大下沉角，用 θ 表示。

3.1.4 地表移动动态参数的确定

1. 起动距

当回采工作面由开切眼推进到一定距离后，岩层移动波及地表，地表开始移动（以观测的地表下沉值达到 10 mm 为标准），此时工作面的推进距离称为起动距。起动距一般与开采深度、岩石物理力学性质等有关。一般情况下，初次采动时，当工作面推进（1/4~1/2）H_0 时（H_0 为平均开采深度），地表便开始移动。重复采动时，这个距离略微减小。

2. 超前影响角

工作面推进过程中，采空区走向方向地表达到充分采动或接近充分采动后，在走向主断面实测下沉曲线上，位于工作面前方地表下沉 10 mm 的点至当时推进中的工作面位置连线与水平线在煤柱一侧的夹角为超前影响角，用 ω 表示（图 3-8）。

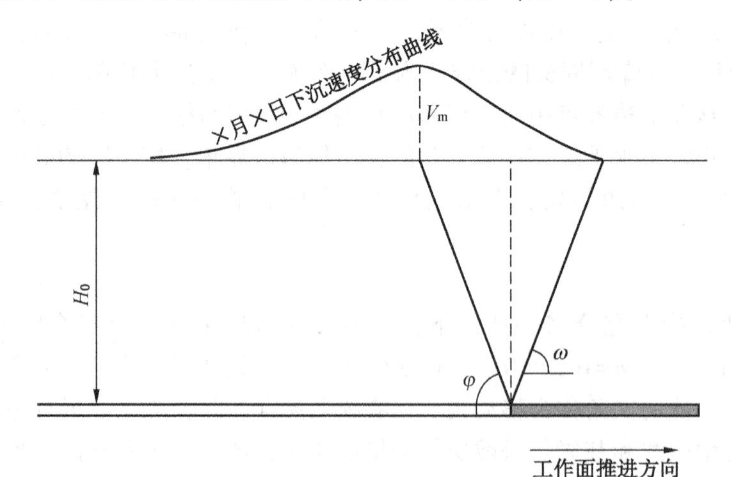

图 3-8　超前影响角及最大下沉速度角示意图

3. 最大下沉速度角

工作面推进过程中，地表达到充分采动后，在走向主断面实测下沉速度曲线上，具有最大下沉速度的点至当时工作面位置的连线与水平线在采空区一侧的夹角为最大下沉速度角，用 φ 表示（图 3-8）。

4. 地表移动的延续时间

地表移动的延续时间可根据最大下沉点的下沉与时间关系曲线和下沉速度曲线求得（图 3-9）。从图 3-9 中可以看出：①下沉 10 mm 时为移动期开始的时间；②连续 6 个月下沉值不超过 30 mm 时，可认为地表移动期结束；③从地表移动期开始到结束的整个时间为地表移动的延续时间；④在移动过程的延续时间内，地表下沉速度大于 50 mm/m（1.7 mm/d）（煤层倾角小于 45°），或大于 30 mm/m（煤层倾角大于 45°）的时间为活跃期。从地表移动期开始到活跃期开始的阶段为初始期。从活跃期结束到移动期结束的阶段为衰退期。

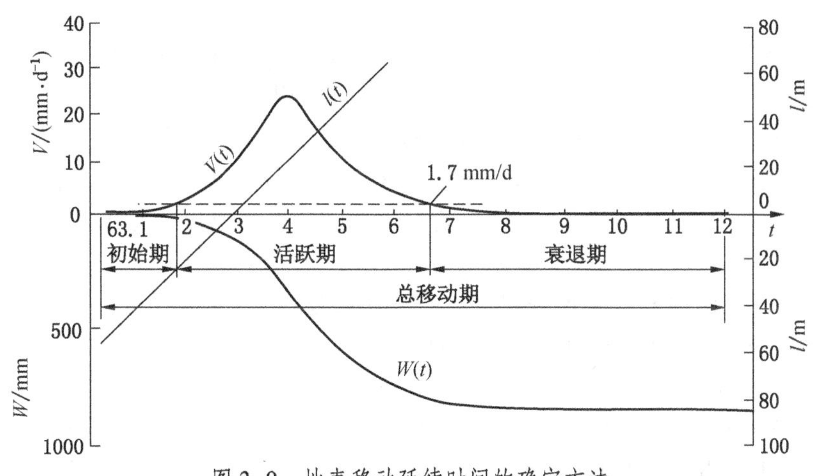

图 3-9　地表移动延续时间的确定方法

无实测资料时，地表移动的延续时间 T 可根据下式计算：

当 $H_0 \leqslant 400$ m 时

$$T=2.5H_0 \tag{3-1}$$

当 $H_0>400$ m 时

$$T = 1000\exp(1 - 400/H_0) \tag{3-2}$$

式中　T——地表移动延续时间，d；

H_0——工作面平均采深，m。

5. 地表最大下沉速度

地表下沉速度反映了地表变化的剧烈程度。地表下沉速度的计算公式：

$$v_n = \frac{W_{m+1} - W_m}{t} \tag{3-3}$$

式中　W_{m+1}——第 $m+1$ 次测得的 n 号点的下沉量，mm；

W_m——第 m 次测得的 n 号点的下沉量，mm；

t——两次观测的时间间隔，d。

地表最大下沉速度主要与工作面推进速度、开采深度、开采厚度、覆岩性质、顶板管理方法、采空区尺寸等有关。重复采动时，地表最大下沉速度将增加。

地表最大下沉速度可用式（3-4）进行计算：

$$V_{fm} = K\frac{c}{H_0}W_{cm} \tag{3-4}$$

式中 c——工作面推进速度，m/d；

H_0——平均开采深度，m；

W_{cm}——本工作面的地表最大下沉值，mm；

K——下沉速度系数，一般根据煤矿的实测资料反算求出，无实测资料时，可取1.8。

3.2 概率积分预计方法

概率积分法是把岩体看作一种随机介质，把岩层移动过程看作一种服从统计规律的随机过程来研究岩层与地表移动的一种方法。从统计观点出发，可以把整个开采分解成无限个微小单元的开采，整个开采对岩层及地表的影响等于各个单元开采对岩层及地表影响之和。按随机介质理论，单元开采引起的地表单元下沉盆地呈正态分布且与概率密度的分布一致。因此，整个开采引起的下沉剖面方程可以表示为概率密度函数的积分公式，故称此法为概率积分法。

3.2.1 半无限开采时主断面上地表移动与变形计算公式

1. 开采水平煤层时地表移动与变形的计算

1）最大移动与变形值

地表移动与变形的最大值是反映开采对地表影响的主要指标，对估计采动及地表总的影响有重要作用，同时也是预计变形分布的基础数据。在水平煤层半无限开采时，最大移动和变形的预计公式如下：

（1）最大下沉：

$$W_{cm} = qM \tag{3-5}$$

式中 W_{cm}——充分采动时的地表最大下沉值，mm；

q——下沉系数；

M——煤层开采厚度，m。

（2）最大倾斜：

$$i_{cm} = \frac{W_{cm}}{r} \tag{3-6}$$

式中 i_{cm}——最大倾斜值，mm/m；

r——主要影响半径，m。

$$r = \frac{H}{\tan\beta} \tag{3-7}$$

式中 H——煤层开采深度，m；

$\tan\beta$——主要影响角正切。

（3）最大曲率：

$$K_{cm} = 1.52\frac{W_{cm}}{r^2} \tag{3-8}$$

式中 K_{cm}——最大曲率，$10^{-3}/m$。

（4）最大水平移动：

$$U_{cm} = bW_{cm} \tag{3-9}$$

式中 U_{cm}——最大水平移动，mm；

b——水平移动系数。

（5）最大水平变形：

$$\varepsilon_{cm} = 1.52\frac{bW_{cm}}{r} \tag{3-10}$$

式中 ε_{cm}——最大水平变形，mm/m。

当沿另一主断面方向为非充分采动时，计算式（3-5）~式（3-10）中的 W_{cm} 应以 $W^{o}_{cm}(y)[W^{o}_{cm}(x)]$ 代替，其计算公式为

$$W^{o}_{cm}(y) = C_y W_{cm} \tag{3-11}$$

$$W^{o}_{cm}(x) = C_x W_{cm} \tag{3-12}$$

式中 $W^{o}_{cm}(x)$、$W^{o}_{cm}(y)$——走向方向、倾斜方向非充分采动时的最大下沉值，mm；

C_x、C_y——走向方向、倾斜方向的开采程度影响系数，可以通过查表求得。

2）主断面上移动与变形分布的计算

水平煤层半无限开采时，主断面上地表移动与变形分布的计算公式：

下沉：

$$W(x) = \frac{W_{cm}}{2}\left[1 + erf\left(\sqrt{\pi}\,\frac{x}{r}\right)\right] \tag{3-13}$$

倾斜：

$$i(x) = \frac{W_{cm}}{r}\exp\left[-\pi\left(\frac{x}{r}\right)^2\right] \tag{3-14}$$

曲率：

$$K(x) = 2\pi\frac{W_{cm}}{r^2}\left(-\frac{x}{r}\right)\exp\left[-\pi\left(\frac{x}{r}\right)^2\right] \tag{3-15}$$

水平移动：

$$U(x) = bW_{cm}\exp\left[-\pi\left(\frac{x}{r}\right)^2\right] \tag{3-16}$$

水平变形：

$$\varepsilon(x) = 2\pi b\frac{W_{cm}}{r}\left(-\frac{x}{r}\right)\exp\left[-\pi\left(\frac{x}{r}\right)^2\right] \tag{3-17}$$

式中 x——主断面上地表点至下沉曲线拐点的距离，m；

$erf(x)$——误差积分，$\mathrm{erf}(x) = \frac{2}{\sqrt{\pi}}\int_0^x \exp(-t^2)\,dt$，可利用误差积分表查得。

实际应用时，为了简化计算，将式（3-13）~式（3-17）改写成如下形式：

$$\frac{W(x)}{W_{cm}}=\frac{1}{2}\left[1+erf\left(\sqrt{\pi}\ \frac{x}{r}\right)\right] \tag{3-18}$$

$$\frac{i(x)}{i_{cm}}=\frac{U(x)}{U_{cm}}=\exp\left[-\pi\left(\frac{x}{r}\right)^{2}\right] \tag{3-19}$$

$$\frac{K(x)}{K_{cm}}=\frac{\varepsilon(x)}{\varepsilon_{cm}}=4.13\left|\frac{x}{r}\right|\exp\left[-\pi\left(\frac{x}{r}\right)^{2}\right] \tag{3-20}$$

应用式（3-17）~式（3-19）制成以 x/r 为引数的函数表（表 3-1）和分布曲线（图 3-10）。

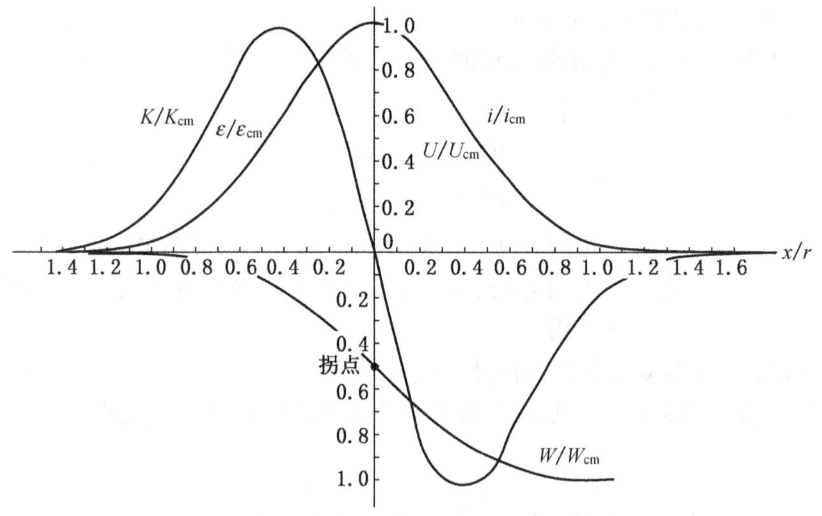

图 3-10 半无限开采主断面上移动与变形分布曲线

则计算主断面上移动与变形分布的公式可简化为

$$W(x)=W_{cm}\left[\frac{W(x)}{W_{cm}}\right] \tag{3-21}$$

$$i(x)=i_{cm}\left[\frac{i(x)}{i_{cm}}\right] \tag{3-22}$$

$$K(x)=\pm K_{cm}\left[\frac{K(x)}{K_{cm}}\right] \tag{3-23}$$

$$U(x)=U_{cm}\left[\frac{U(x)}{U_{cm}}\right] \tag{3-24}$$

$$\varepsilon(x)=\pm\varepsilon_{cm}\left[\frac{\varepsilon(x)}{\varepsilon_{cm}}\right] \tag{3-25}$$

表 3-1 概率积分法半无限开采 $A(Z)$、$A'(Z)$、$A''(Z)$ 的分布函数表

$Z=x/r$	$A(-Z)$	$A(Z)$	$A'(Z)$	$A''(Z)$	$Z=x/r$	$A(-Z)$	$A(Z)$	$A'(Z)$	$A''(Z)$
0.00	0.5000	0.5000	1.0000	0.0000	0.03	0.4700	0.5300	0.9972	0.1237
0.01	0.4900	0.5100	0.9997	0.0413	0.04	0.4601	0.5399	0.9950	0.1645
0.02	0.4800	0.5200	0.9987	0.0826	0.05	0.4501	0.5499	0.9922	0.2051

表3-1(续)

$Z=x/r$	$A(-Z)$	$A(Z)$	$A'(Z)$	$A''(Z)$	$Z=x/r$	$A(-Z)$	$A(Z)$	$A'(Z)$	$A''(Z)$
0.06	0.4402	0.5598	0.9888	0.2452	0.42	0.1463	0.8537	0.5745	0.9975
0.07	0.4304	0.5696	0.9847	0.2849	0.43	0.1407	0.8593	0.5594	0.9943
0.08	0.4206	0.5794	0.9801	0.3241	0.44	0.1352	0.8648	0.5443	0.9900
0.09	0.4108	0.5892	0.9749	0.3627	0.45	0.1298	0.8702	0.5293	0.9846
0.10	0.4011	0.5989	0.9691	0.4006	0.46	0.1246	0.8754	0.5144	0.9781
0.11	0.3914	0.6086	0.9627	0.4377	0.47	0.1195	0.8805	0.4996	0.9706
0.12	0.3818	0.6182	0.9558	0.4741	0.48	0.1146	0.8854	0.4849	0.9621
0.13	0.3723	0.6277	0.9483	0.5096	0.49	0.1098	0.8902	0.4703	0.9527
0.14	0.3629	0.6371	0.9403	0.5442	0.50	0.1052	0.8948	0.4559	0.9423
0.15	0.3535	0.6465	0.9318	0.5777	0.51	0.1007	0.8993	0.4417	0.9312
0.16	0.3442	0.6558	0.9227	0.6103	0.52	0.0963	0.9037	0.4276	0.9192
0.17	0.3351	0.6649	0.9132	0.6417	0.53	0.0921	0.9079	0.4138	0.9065
0.18	0.3260	0.6740	0.9032	0.6721	0.54	0.0881	0.9119	0.4001	0.8831
0.19	0.3170	0.6830	0.8928	0.7012	0.55	0.0841	0.9159	0.3866	0.8790
0.20	0.3081	0.6919	0.8819	0.7291	0.56	0.0803	0.9197	0.3734	0.8643
0.21	0.2994	0.7006	0.8706	0.7558	0.57	0.0767	0.9233	0.3603	0.8490
0.22	0.2907	0.7093	0.8589	0.7811	0.58	0.0731	0.9269	0.3476	0.8333
0.23	0.2822	0.7178	0.8469	0.8052	0.59	0.0697	0.9303	0.3350	0.8171
0.24	0.2738	0.7262	0.8345	0.8279	0.60	0.0664	0.9336	0.3227	0.8044
0.25	0.2655	0.7345	0.8217	0.8492	0.61	0.0633	0.9367	0.3107	0.7834
0.26	0.2574	0.7426	0.8087	0.8691	0.62	0.0602	0.9398	0.2989	0.7661
0.27	0.2494	0.7506	0.7953	0.8876	0.63	0.0573	0.9427	0.2874	0.7484
0.28	0.2415	0.7585	0.7817	0.9046	0.64	0.0545	0.9455	0.2762	0.7306
0.29	0.2337	0.7663	0.7678	0.9204	0.65	0.0518	0.9482	0.2652	0.7125
0.30	0.2261	0.7739	0.7537	0.9347	0.66	0.0492	0.9508	0.2545	0.6943
0.31	0.2187	0.7813	0.7394	0.9475	0.67	0.0467	0.9533	0.2441	0.6760
0.32	0.2113	0.7887	0.7249	0.9589	0.68	0.0443	0.9557	0.2339	0.6576
0.33	0.2042	0.7958	0.7103	0.9689	0.69	0.0420	0.9580	0.2241	0.6392
0.34	0.1971	0.8029	0.6955	0.9774	0.70	0.0398	0.9602	0.2145	0.6207
0.35	0.1903	0.8097	0.6806	0.9846	0.71	0.0377	0.9623	0.2052	0.6023
0.36	0.1835	0.8165	0.6655	0.9904	0.72	0.0357	0.9643	0.1962	0.5840
0.37	0.1770	0.8230	0.6505	0.9948	0.73	0.0338	0.9662	0.1875	0.5657
0.38	0.1705	0.8295	0.6353	0.9979	0.74	0.0320	0.9680	0.1790	0.5476
0.39	0.1643	0.8357	0.6201	0.9997	0.75	0.0302	0.9698	0.1708	0.5296
0.40	0.1581	0.8419	0.6049	1.0000	0.76	0.0285	0.9715	0.1629	0.5118
0.41	0.1522	0.8478	0.5897	0.9995	0.77	0.0270	0.9730	0.1553	0.4942

表3-1(续)

$Z=x/r$	$A(-Z)$	$A(Z)$	$A'(Z)$	$A''(Z)$	$Z=x/r$	$A(-Z)$	$A(Z)$	$A'(Z)$	$A''(Z)$
0.78	0.0254	0.9746	0.1479	0.4768	1.14	0.0023	0.9977	0.0169	0.0795
0.79	0.0240	0.9760	0.1408	0.4597	1.15	0.0021	0.9979	0.0157	0.0746
0.80	0.0226	0.9774	0.1339	0.4428	1.16	0.0020	0.9980	0.0146	0.0700
0.81	0.0213	0.9787	0.1273	0.4262	1.17	0.0018	0.9982	0.0136	0.0656
0.82	0.0201	0.9799	0.1209	0.4100	1.18	0.0017	0.9983	0.0126	0.0614
0.83	0.0189	0.9811	0.1148	0.3940	1.19	0.0016	0.9984	0.0117	0.0575
0.84	0.0178	0.9822	0.1090	0.3784	1.20	0.0015	0.9985	0.0108	0.0538
0.85	0.0167	0.9833	0.1033	0.3631	1.21	0.0014	0.9986	0.0101	0.0503
0.86	0.0157	0.9843	0.0979	0.3481	1.22	0.0013	0.9987	0.0093	0.0470
0.87	0.0148	0.9852	0.0927	0.3335	1.23	0.0012	0.9988	0.0086	0.0439
0.88	0.0139	0.9861	0.0878	0.3193	1.24	0.0011	0.9989	0.0080	0.0409
0.89	0.0130	0.9876	0.0830	0.3055	1.25	0.0010	0.9990	0.0074	0.0381
0.90	0.0122	0.9878	0.0785	0.2920	1.26	0.0010	0.9990	0.0068	0.0355
0.91	0.0114	0.9886	0.0742	0.2790	1.27	0.0009	0.9991	0.0063	0.0331
0.92	0.0107	0.9893	0.0700	0.2663	1.28	0.0008	0.9992	0.0058	0.0308
0.93	0.0100	0.9900	0.0661	0.2540	1.29	0.0008	0.9992	0.0054	0.0286
0.94	0.0094	0.9906	0.0623	0.2420	1.30	0.0007	0.9993	0.0049	0.0266
0.95	0.0088	0.9912	0.0587	0.2305	1.31	0.0007	0.9993	0.0046	0.0247
0.96	0.0082	0.9918	0.0553	0.2194	1.32	0.0006	0.9994	0.0042	0.0229
0.97	0.0077	0.9923	0.0520	0.2086	1.33	0.0006	0.9994	0.0039	0.0212
0.98	0.0072	0.9928	0.0489	0.1983	1.34	0.0006	0.9994	0.0035	0.0197
0.99	0.0067	0.9933	0.0460	0.1883	1.35	0.0005	0.9995	0.0033	0.0182
1.00	0.0063	0.9937	0.0432	0.1786	1.36	0.0005	0.9995	0.0030	0.0168
1.01	0.0058	0.9942	0.0406	0.1694	1.37	0.0005	0.9995	0.0027	0.0156
1.02	0.0054	0.9946	0.0381	0.1605	1.38	0.0004	0.9996	0.0025	0.0144
1.03	0.0051	0.9949	0.0357	0.1520	1.39	0.0004	0.9996	0.0023	0.0133
1.04	0.0047	0.9953	0.0334	0.1438	1.40	0.0004	0.9996	0.0021	0.0123
1.05	0.0044	0.9956	0.0313	0.1350	1.41	0.0004	0.9996	0.0019	0.0113
1.06	0.0041	0.9959	0.0293	0.1284	1.42	0.0004	0.9996	0.0018	0.0104
1.07	0.0038	0.9962	0.0274	0.1212	1.43	0.0003	0.9997	0.0016	0.0096
1.08	0.0036	0.9964	0.0256	0.1144	1.44	0.0003	0.9997	0.0015	0.0088
1.09	0.0033	0.9967	0.0239	0.1078	1.45	0.0003	0.9997	0.0014	0.0081
1.10	0.0031	0.9969	0.0223	0.1016	1.46	0.0003	0.9997	0.0012	0.0075
1.11	0.0029	0.9971	0.0208	0.0956	1.47	0.0003	0.9997	0.0011	0.0069
1.12	0.0027	0.9973	0.0194	0.0900	1.48	0.0003	0.9997	0.0010	0.0063
1.13	0.0025	0.9975	0.0181	0.0846	1.49	0.0003	0.9997	0.0009	0.0058

注：$A(Z)=1-A(-Z)$；$A'(Z)=A'(-Z)$；$A''(Z)=-A''(-Z)$。

应用式（3-23）和式（3-25）计算时，若 x 为正值，则计算结果取负号，反之应取正号。x/r 取一定间隔（如取 0.1）用上面公式算出各点的移动与变形值后，连接这些点即绘出半无限开采主断面上的移动与变形分布曲线。

2. 开采倾斜煤层时地表移动与变形计算的特点

开采倾斜煤层时，最大下沉值 W_{cm} 与煤层倾角 α 有关，按下式计算：

$$W_{cm} = qM\cos\alpha \tag{3-26}$$

式中　α——煤层倾角，(°)。

由于煤层倾斜，采空区上山边界和下山边界的采深不同，所以用式（3-7）求出的上山方向与下山方向主要影响半径不相同，上、下山方向的变形值也就不相同。

开采倾斜煤层时，产生的地表水平移动由两部分组成，第一部分和水平煤层一样，与地表倾斜变形成正比，第二部分则与该处的下沉量成正比，与 $\cot\theta$ 有关。倾斜煤层计算水平移动的公式：

$$U(y) = \mathrm{bri}(y) + \cot\theta W(y) \tag{3-27}$$

利用表 3-1 计算时，$U(y)$ 为

$$U(y) = U_{cm}\left[\frac{U}{U_{cm}}\right] + \cot\theta W(y) \tag{3-28}$$

当计算下山方向半个移动盆地时，式（3-27）、式（3-28）中第二项前取“+”号，当计算上山方向半个移动盆地时，式中第一项为负值，第二项前仍取“+”号。

开采倾斜煤层时计算水平变形的公式：

$$\varepsilon(y) = \mathrm{br}K(y) + \cot\theta i(y) \tag{3-29}$$

当用表 2-1 计算时，$\varepsilon(y)$ 为

$$\varepsilon(y) = \varepsilon_{cm}\left[\frac{\varepsilon}{\varepsilon_{cm}}\right] + \cot\theta i(y) \tag{3-30}$$

开采倾斜煤层时，倾斜主断面上地表移动与变形分布的计算公式为

$$W(y) = W_{cm}\left[\frac{W(y)}{W_{cm}}\right] \tag{3-31}$$

$$i(y) = i_{cm}\left[\frac{i(y)}{i_{cm}}\right] \tag{3-32}$$

$$K(y) = \pm K_{cm}\left[\frac{K(y)}{K_{cm}}\right] \tag{3-33}$$

$$U(y) = U_{cm}\left[\frac{U(y)}{U_{cm}}\right] + \cot\theta W(y) \tag{3-34}$$

$$\varepsilon(y) = \varepsilon_{cm}\left[\frac{\varepsilon(y)}{\varepsilon_{cm}}\right] + \cot\theta i(y) \tag{3-35}$$

3.2.2　非充分采动条件下主断面上地表移动变形计算

在非充分采动条件下，地表移动主断面上地表点的移动和变形计算公式见表 3-2。

需要说明的是，表 3-2 中 L、l 分别为矩形工作面倾斜方向和走向方向的计算长度，计算公式如下：

表 3-2 非充分采动条件下主断面上地表点移动变形计算公式

名称	倾向主断面	走向主断面
下沉	$W(x_0, y)=C_x[W_1(y)-W_2(y-L)]$	$W(x, y_0)=C_y[W_3(x)-W_4(x-l)]$
倾斜	$i(x_0, y)=C_x[i_1(y)-i_2(y-L)]$	$i(x, y_0)=C_y[i_3(x)-i_4(x-l)]$
曲率	$K(x_0, y)=C_x[K_1(y)-K_2(y-L)]$	$K(x, y_0)=C_y[K_3(x)-K_4(x-l)]$
水平移动	$U(x_0, y)=C_x[U_1(y)-U_2(y-L)+W(x_0, y)\cot\theta]$	$U(x, y_0)=C_y[U_3(x)-U_4(x-l)]$
水平变形	$\varepsilon(x_0, y)=C_x[\varepsilon_1(y)-\varepsilon_2(y-L)+i(x_0, y)\cot\theta]$	$\varepsilon(x, y_0)=C_y[\varepsilon_3(x)-\varepsilon_4(x-l)]$

$$L=(D_1-S_1-S_2)\frac{\sin(\theta_0+\alpha)}{\sin\theta_0} \tag{3-36}$$

$$l=D_3-S_3-S_4 \tag{3-37}$$

式中 D_1——工作面的倾斜长度，m；

D_3——工作面的走向长度，m；

S_1、S_2、S_3、S_4——工作面下山边界、上山边界、左边界、右边界的拐点偏移距，m；

θ_0——开采影响传播角，(°)；

α——煤层倾角，(°)。

3.2.3 全盆地的移动与变形计算公式

下沉：

$$W(x, y)=W_{cm}\iint_D \frac{1}{r^2}\exp\left[-\pi\frac{(\eta-x)^2+(\zeta-y)^2}{r^2}\right]d\eta d\zeta \tag{3-38}$$

倾斜：

$$i_x(x, y)=W_{cm}\iint_D \frac{2\pi(\eta-x)}{r^4}\exp\left[-\pi\frac{(\eta-x)^2+(\zeta-y)^2}{r^2}\right]d\eta d\zeta \tag{3-39}$$

$$i_y(x, y)=W_{cm}\iint_D \frac{2\pi(\zeta-y)}{r^4}\exp\left[-\pi\frac{(\eta-x)^2+(\zeta-y)^2}{r^2}\right]d\eta d\zeta \tag{3-40}$$

曲率：

$$K_x(x, y)=W_{cm}\iint_D \frac{2\pi}{r^4}\left(\frac{2\pi(\eta-x)^2}{r^2}-1\right)\exp\left[-\pi\frac{(\eta-x)^2+(\zeta-y)^2}{r^2}\right]d\eta d\zeta \tag{3-41}$$

$$K_y(x, y)=W_{cm}\iint_D \frac{2\pi}{r^4}\left(\frac{2\pi(\zeta-y)^2}{r^2}-1\right)\exp\left[-\pi\frac{(\eta-x)^2+(\zeta-y)^2}{r^2}\right]d\eta d\zeta \tag{3-42}$$

水平移动：

$$U_x(x, y)=U_{cm}\iint_D \frac{2\pi(\eta-x)}{r^3}\exp\left[-\pi\frac{(\eta-x)^2+(\zeta-y)^2}{r^2}\right]d\eta d\zeta \tag{3-43}$$

$$U_y(x, y)=U_{cm}\iint_D \frac{2\pi(\zeta-y)}{r^3}\exp\left[-\pi\frac{(\eta-x)^2+(\zeta-y)^2}{r^2}\right]d\eta d\zeta+W(x, y)\cot\theta_0 \tag{3-44}$$

水平变形：

$$\varepsilon_x(x,y)=U_{cm}\iint_D \frac{2\pi}{r^3}\left[\frac{2\pi(\eta-x)^2}{r^2}-1\right]\exp\left[-\pi\frac{(\eta-x)^2+(\zeta-y)^2}{r^2}\right]d\eta d\zeta \quad (3-45)$$

$$\varepsilon_y(x,y)=U_{cm}\iint_D \frac{2\pi}{r^3}\left[\frac{2\pi(\zeta-y)^2}{r^2}-1\right]\exp\left[-\pi\frac{(\eta-x)^2+(\zeta-y)^2}{r^2}\right]d\eta d\zeta+i_y(x,y)\cot\theta_0 \quad (3-46)$$

扭曲变形：

$$S(x,y)=W_{cm}\iint_D \frac{4\pi^2(\eta-x)(\zeta-y)}{r^6}\exp\left[-\pi\frac{(\eta-x)^2+(\zeta-y)^2}{r^2}\right]d\eta d\zeta \quad (3-47)$$

剪切变形：

$$\gamma(x,y)=2U_{cm}\iint_D \frac{4\pi^2(\zeta-y)(\eta-x)}{r^5}\exp\left[-\pi\frac{(\eta-x)^2+(\zeta-y)^2}{r^2}\right]d\eta d\zeta+i_x(x,y)\cot\theta_0 \quad (3-48)$$

式中 x、y——计算点相对坐标（考虑拐点偏移距），m；

D——开采煤层区域。

3.2.4 地表任意点任意方向移动和变形值

地表任意点任意方向移动和变形值计算公式：

下沉值计算与式（3-36）相同。

倾斜：

$$i(x,y,\varphi)=i_x(x,y)\cos\varphi+i_y(x,y)\sin\varphi \quad (3-49)$$

曲率：

$$K(x,y,\varphi)=K_x(x,y)\cos^2\varphi+K_y(x,y)\sin^2\varphi+S(x,y)\sin2\varphi \quad (3-50)$$

水平移动：

$$U(x,y,\varphi)=U_x(x,y)\cos\varphi+U_y(x,y)\sin\varphi \quad (3-51)$$

水平变形：

$$\varepsilon(x,y,\varphi)=\varepsilon_x(x,y)\cos^2\varphi+\varepsilon_y(x,y)\sin^2\varphi+\frac{1}{2}\gamma(x,y)\sin2\varphi \quad (3-52)$$

式中 φ——从横坐标 x 方向反时针旋转到待求方向的角度。

3.2.5 计算机程序计算

利用计算机可进行多煤层多工作面地表任意点任意方向的移动与变形值计算，并可绘制各种地表移动与变形的等值线图以及沿任意剖面的移动变形曲线图。

计算机计算所需的地质、开采技术条件数据及参数有：计算点坐标（x，y）和计算方向角 φ，计算（预计）范围，各工作面的煤层开采厚度 M、煤层倾角 α、工作面角点坐标及采深，下沉系数 q，水平移动系数 b，主要影响角正切 $\tan\beta$，拐点偏移系数 S/H，开采影响传播角 θ_0 等。

3.2.6 地表移动计算参数的确定

在上述地表移动变形预计的公式中，需要用到一些与地表移动有关的参数，如下沉系数、水平移动系数、开采影响传播角、主要影响角正切和拐点偏移距。地表变形预计的准确程度主要决定于选择的地表移动参数是否正确，因此地表变形预计时必须十分重视移动参数的选择。

地表移动参数与地质采矿条件关系密切。我国幅员辽阔，地质采矿条件复杂多变，有时同一个矿不同工作面的地表移动参数也不相同。因此需要搞清有哪些地质采矿条件影响这些参数，进而分清哪些是主要影响因素，在积累足够资料后，需做出定量的描述。地表移动参数主要根据本矿的地表移动观测资料确定，或根据类似地质采矿条件的矿区的观测资料来确定。下面分别叙述各种地表移动参数的求法。

1. 下沉系数 q

充分采动时，地表最大下沉值 W_{cm} 与煤层法线采厚 M 在铅垂方向投影长度的比值称下沉系数。

$$q = \frac{W_{cm}}{M\cos\alpha} \tag{3-53}$$

下沉系数与顶板管理方法、采煤方法、上覆岩层的力学性质及煤层倾角、冲积层厚度和重复采动情况有关。对下沉系数影响最大的是顶板管理方法和采煤方法。采用全部陷落法管理顶板时 $q=0.6\sim0.9$，采用充填法管理顶板时 $q=0.06\sim0.30$，采用条带开采时 $q=0.03\sim0.20$，采用充填条带开采时 $q=0.02\sim0.05$。覆岩性质对下沉系数的影响也很大。覆岩坚硬，下沉系数较小；覆岩软弱，下沉系数较大。如包头大磁矿，覆岩坚硬，$q=0.45$；开滦矿区，覆岩中硬，$q=0.68$；枣庄柴里矿，覆岩软弱，第四系松散层较厚，$q=0.96$。

当开采煤层上方有老采空区积水或上覆岩层有含水层时，受开采影响可能使积水大量流失，也会使下沉系数增大。如焦作焦西矿开采 102、106 工作面时，由于表土层中有流沙和含水层，下沉系数达到 1.20。

当覆岩经过首次采动影响后再受开采影响就属于重复采动。首次采动后覆岩产生了移动和破坏，残留了间隙、裂缝或离层，重复采动时使老采空区活化，覆岩中的裂隙、离层得到比较好的压实，加剧覆岩的移动和变形，使得下沉系数比较大。一般在重复采动时，下沉系数增大 10%~30%。

2. 水平移动系数 b

充分采动时，走向主断面上地表最大水平移动值 U_{cm} 与地表最大下沉值 W_{cm} 的比值称水平移动系数，表示为

$$b = \frac{U_{cm}}{W_{cm}} \tag{3-54}$$

水平移动系数和上覆岩层的性质及重复采动的影响关系不密切，是一个比较稳定的参数，变化范围大致为 0.2~0.4，一般 $b=0.3$。

3. 主要影响角正切 $\tan\beta$

走向主断面上走向边界采深 H_z 与其主要影响半径 r_z 之比。

$$\tan\beta = \frac{H_z}{r_z} \tag{3-55}$$

充分采动时，走向主断面上下沉值分别为 $0.16W_{cm}$ 和 $0.84W_{cm}$ 值的点间距为 $0.8r_z$，即 $L=0.8r_z$，由此得 $r_z=L/0.8$。

主要影响角正切常见值为1.3~2.5，一般为2.0。它的大小主要取决于覆岩的力学性质和采煤方法。覆岩坚硬，$\tan\beta$较小；覆岩软弱，$\tan\beta$较大。条带开采$\tan\beta$较小，一般在1.2~1.6左右。$\tan\beta$还与开采深度、采动次数、煤层倾角、采区尺寸有一定关系。采深越大，$\tan\beta$越大；重复采动，$\tan\beta$增大。

4. 开采影响传播角 θ_0

充分采动时，为倾向主断面上地表最大下沉值 W_{cm} 与该点水平移动值 U_{wcm} 比值的反正切为开采影响传播角。

$$\theta_0 = \arctan\left(\frac{W_{cm}}{U_{wcm}}\right) \tag{3-56}$$

式中 U_{wcm}——倾向剖面上最大下沉值点处的水平移动值。

开采影响传播角对倾斜煤层的变形分布影响很大，对变形值的大小也有一定的影响。

煤层水平时，开采影响铅垂向上传播。当煤层和覆岩倾斜时，开采影响沿 θ_0 角向上传播（图3-11）。由图3-11可知，开采影响传播角 θ_0 可用下式表示：

$$\theta_0 = 90° - k\alpha \tag{3-57}$$

式中 k——开采影响传播系数。

实测资料表明，k 值一般为0.4~0.8。上覆岩层较硬，成层性较好，则 k 值较大；上覆岩层较软，则 k 值较小。重复采动时，k 值较小，θ_0 值增大。如枣庄柴里矿采一分层时，$\theta_0=82°$；采二分层时，$\theta_0=88°$；采三分层时，$\theta_0=88°$；采四分层时，$\theta_0=89°$。

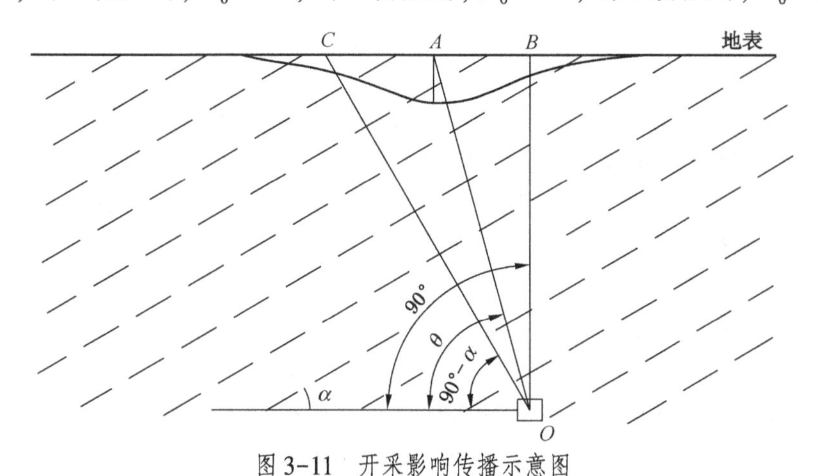

图3-11 开采影响传播示意图

5. 拐点偏移距 S

充分采动时，下沉盆地主断面上下沉值为$0.5W_{cm}$、最大倾斜和曲率为零的3个点的点位 x（或 y）的平均值 x_0（或 y_0）为拐点坐标。将 x_0（或 y_0）向煤层投影（走向断面按90°、倾向断面按开采影响传播角 θ_0 投影），其投影点至采空区边界的距离为拐点偏移距。拐点偏移距分下山边界拐点偏移距 S_1、上山边界拐点偏移距 S_2、走向左边界拐点偏移距 S_3、走向右边界拐点偏移距 S_4。

拐点偏移距 S 与采深 H 的比值称为拐点偏移系数（S/H）。拐点偏移系数与覆岩岩性、开采深度、采空区尺寸、邻区开采的影响有关。岩性坚硬时，S/H 较大，一般为0.31~

0.43；岩性中硬时，S/H 一般为 0.08~0.30；岩性较软时，S/H 较小，一般为 0~0.07。拐点偏移距 S 随采深的增大而增大，拐点偏移系数 S/H 随采深的增大而有所减小。拐点偏移距和邻区开采影响关系很大，工作面边界外是老采空区时，拐点移向老采空区一边。工作面尺寸较大时，S 值较大，当达到充分采动以后，S 趋近某一定值；工作面尺寸太小时，拐点向外移。

3.3 采空区活化与地表残余变形

3.3.1 采空区类型

我国煤层赋存条件千差万别，开采环境复杂，决定了煤层开采方法的多样性。煤层开采方法按照分类特征可分为很多种，在我国采煤方法主要分为壁式采煤法和柱式采煤法两种。不同的采煤方法形成的采空区类型不同，采空区覆岩结构特征也不同。此外，采空区地表能否保持长期稳定，与采空区开采时采用的采煤方法也有很大的关系。根据煤层开采方法和采后上方地表的稳定状态，大致可以将采空区分为壁式采空区和部分开采采空区两类。

1. 壁式采空区

绝大多数现代矿井采用高效率的长壁采煤方法，即开采工作面布置成矩形或近似矩形状，开采从一侧向另一侧连续推进。壁式采煤法以长工作面为主要标志，按照煤层厚度不同，壁式采煤法可细分为整层开采、分层开采及放顶煤开采等；根据煤层倾角的不同，壁式采煤法可划分为走向长壁和倾斜长壁。壁式采煤法采空区处理方式多为全部垮落法和留设煤柱法。

由于壁式采煤法开采尺寸较大，由该种采煤方法形成的采空区上覆岩层破坏一般均较剧烈，地表移动与变形也较充分，采空区地表在移动结束后（地表半年累计下沉量小于 30 mm）会一直保持这种相对稳定状态。当在此采空区地表不进行大规模工程建设时，地表会一直保持这种相对稳定状态。

2. 部分开采采空区

部分开采法以短工作面（长度一般小于 50 m）开采为主要特征，通常包括条带开采、房（柱）式开采、巷采等。

条带开采法是一种在国内外应用较多的、可有效控制覆岩和地表移动的部分开采方法。其基本原理是部分采出煤炭，将被开采煤层划分成比较正规的条带形状（采一条、留一条），使保留的条带煤柱足以支撑上覆岩层，减缓岩层沉陷，控制地表移动和变形。

房柱（或巷柱）式开采法曾经是国内外各矿区比较常用的一种部分开采方法，我国许多地方小矿仍在广泛采用此法。这种开采方法一般沿着煤层走向开掘运输和通风大巷，在大巷两侧开掘一些煤房，煤房的宽度一般为 3~5 m，煤房之间要留 2~3 m 煤柱支撑顶板，煤房的长度一般在 30 m 左右。

此外，新中国成立初期及之前的矿井、年产量较低的乡镇、个体小煤窑等，所采用的采煤方法多数技术落后、效率低，残留有较多其他开采方式的老采空区，常见的有：

(1)“树枝式”采煤法：在煤层内开掘一些巷道，不分走向、倾向，见煤就挖，无煤就停，以掘进代替采煤，采煤区形成树枝状，采煤空洞多为弯曲的坑道，局部顶板好时采空区近似圆形。

（2）“挂牌式”采煤法：在沿煤层走向掘进主巷，再隔一定距离沿倾向开上、下山，在上、下山两侧回采，采空区形状多近似圆形，其面积视顶板情况而定，从几十平方米到上百平方米不等，就像在主巷上挂的牌子一样。

（3）残柱式采煤法：井筒遇到煤层后，沿着煤层的走向开掘平巷，再在已经控制的煤层里，开掘许多纵横交错的巷道，把煤层分割成许多方形或长方形的煤柱。然后从边界往后退，顺次采各个煤柱。煤柱一般为 10 m×10 m 或 10 m×15 m。再采一块煤柱时，就在这一块煤柱里再做些纵横交错的巷道，把煤柱又分成几个小块煤柱，这样掘巷道即为采煤，最后那些小煤柱残留在采空区支承顶板。这种采煤法采出率有 20%~50%，一般情况下，这些残留煤柱不能保证长期有效地支承上覆岩层。

部分开采方法形成的采空区，由于其残留较多的煤柱，开采尺寸又较小，一般开采时覆岩破坏不是很剧烈，地表移动也较小。但残留煤柱不规则，尺寸又小，经过一段时间后各种因素叠加（地表新增荷载、上覆岩层自重和其他如地下水疏干、周围采动等）会导致残留煤柱破坏或欠充填空洞垮塌，从而引起覆岩破坏和地表塌陷，造成地表的突然塌陷，而塌陷发生的时间和持续时间难以估计，因此这种采空区难以保证地表永久的稳定性，对地面安全影响极大。

3.3.2 覆岩破坏特征

1. 壁式开采采空区覆岩破坏特征

当地下煤层被长壁工作面大面积采出后，采空区直接顶板岩层在自重力及其上覆岩层的作用下，产生向下的移动和弯曲。当其内部拉应力超过岩层的抗拉强度极限时，直接顶板首先断裂、破碎，相继垮落，而基本顶岩层则以梁或悬臂梁弯曲的形式沿层理面法线方向移动、弯曲，进而产生断裂、离层。随着工作面的向前推进，受采动影响的岩层范围不断扩大。当开采范围足够大时，岩层移动发展到地表，在地表形成一个比采空区大得多的下沉盆地。

将移动稳定后的岩层按破坏程度分为三个不同的开采影响带即垮落带、裂缝带和弯曲下沉带。

2. 部分开采采空区覆岩破坏特征

（1）条带开采。条带开采采空区覆岩破坏相比长壁开采采空区覆岩破坏发育不充分，条带采空区覆岩自下而上总体上分为波浪移动带和弯曲下沉带两带（图 3-12），波浪移动带波谷和波峰分别位于采出条带和留设煤柱上方，波谷区根据采空区覆岩采动破坏和变形程度可划分为垮落带、裂缝带和弯曲下沉带三带，波峰区岩层通常保持层状结构。

（2）房柱式开采。房柱式采煤通常在采空区内遗留大量不同尺寸的煤柱，这些煤柱能较好地支撑采空区顶板覆岩结构（图 3-13），一定程度上起到控制覆岩破坏、减少地表沉陷的作用，是建（构）筑物下压煤开采的主要技术措施，曾在国内外煤矿中广泛使用。但由于存在房柱式开采法开采设计不规范、留设煤柱不正规、煤柱乱采乱挖等现象，导致采空区内遗留煤柱不能有效支撑覆岩，在开采不久或很多年以后突然塌陷，导致水土流失、矿震、地面建（构）筑物损害，甚至人员伤亡事故。房采采空区失稳塌陷在时间和空间上均较难预测，给矿井安全生产尤其是房采采空区上、下煤层的开采带来隐患。

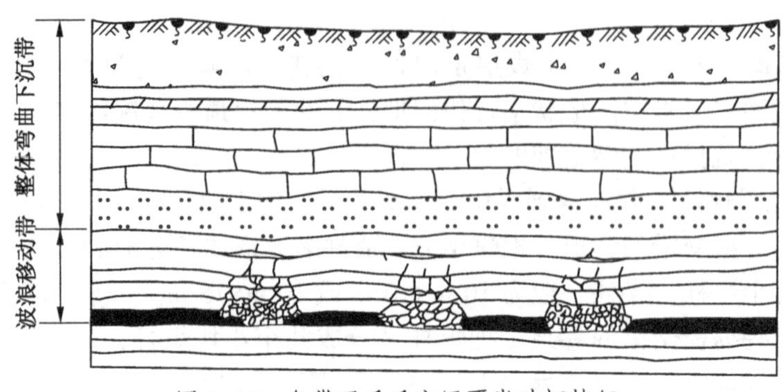

图 3-12　条带开采采空区覆岩破坏特征

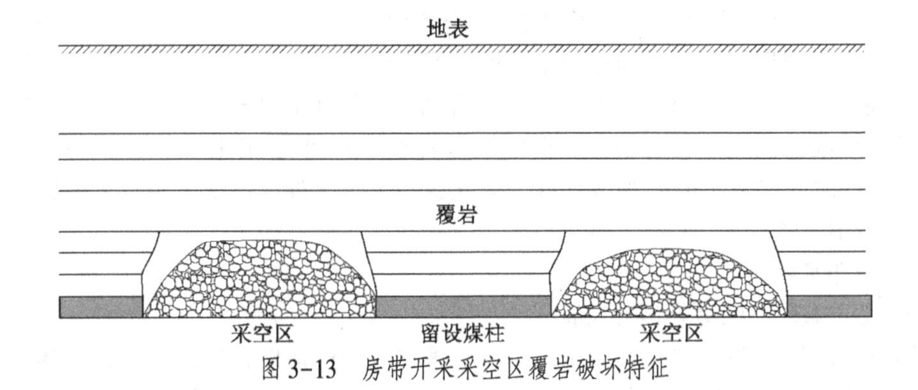

图 3-13　房带开采采空区覆岩破坏特征

3.3.3　地表残余变形产生诱因及其机制

1. 地表残余变形产生诱因

根据开采沉陷规律，地表还将有少量的残余下沉和变形值。结合前人研究成果，这些残余下沉和变形产生的诱因大致可以归纳为以下四种类型：

（1）老采区受到采动破坏的顶板在上覆岩层的自重荷载作用下，围岩发生蠕变。

（2）受地下水的渗透作用，岩体力学性质发生改变，产生力学强度衰减，砌体梁结构失稳并在上覆岩层自重荷载下再压实。

（3）由于压密区破碎岩体和支撑压力区煤柱的强度衰减，造成处于相对稳定状态的老采区上覆岩体砌体梁结构二次失稳变形。

（4）受外力作用，老采区上覆岩体结构发生二次失稳变形，这些外力主要包括地震力、区域地质构造活动引起的构造应力、附近采动或爆炸造成的扰动作用力、地面新建建筑物的附加荷载等。

2. 地表残余变形产生机制

现场调查和模拟研究表明，不同的顶板管理方法和采煤方法决定着覆岩破坏程度和移动特点。

1）壁式采空区

壁式开采空间面积大，开采比较干净，岩层与地表塌陷比较充分，采空区上覆岩层的破坏明显出现在垮落带、断裂带和弯曲下沉带，上覆岩层内残留有较多的空洞、离层、裂缝等空隙（图 3-12）。

（1）垮落带岩体结构为散体结构和碎裂结构，存在较大的残余碎胀系数和孔隙率；在采空区边缘附近（如开切眼、终采线、运回巷道附近）存在未被冒落岩块充分充填的空洞；垮落区不同位置破裂岩块的压密程度有较大差异。在上覆岩体自重荷载、采空区进失水变化及其他外力作用下该区域破碎岩块进一步破坏或再压密，或使该区域内关键层断裂破坏以及使采场四周支承煤壁强度衰减进而产生破坏变形引起上覆岩层的再次移动，也会造成垮落区空隙、裂隙和空洞的进一步压密，这是壁式采空区地表残余沉降的主要原因。

（2）裂缝带岩体为块裂层状结构，块体间相互咬合、铰接，形成一定的铰接砌体岩梁半拱结构和悬臂梁结构，采动次生结构面主要以块体间竖向裂隙和层间的离层裂隙为主。该区域岩层破坏的主要形式为材料强度弱化或外力作用下的岩块结构失稳（包括该区域内关键层断裂破坏）及由此造成的裂隙和离层的压密。根据对长壁采空区最下层砌体梁全结构力学分析，采空区边缘悬露岩块的载荷绝大部分由煤壁支承区承担，而仅有小部分转向采空区垮落岩块上，因此采场四周支承煤壁的破坏或变形也是造成上部结构失稳的重要原因。下部岩体结构的失稳将诱发上方各层岩体结构的相继失稳和离层裂缝的压密，导致采空区地表再次出现较大的残余沉降。

（3）在上覆岩层裂缝带及弯曲下沉带内，采动后将产生大量的离层裂缝，这些离层裂缝相互间一般是不连通的，当岩层上硬下软、层面黏结状态越差，则离层裂缝发育越充分。在竖向自重荷载或其他外力作用下，这些离层裂缝可能产生压密、闭合等，从而造成地表残余沉降。此外当这些离层裂缝在荷载作用下压密、闭合后，又使下部岩体的受力状态、受力位置等发生变化，还可能造成下部岩体结构失稳或破坏，从而加剧地表残余沉降。

（4）当采空区范围大，开采非常充分时，位于这类采空区中部的充分下沉区，垮落断裂岩块主要承受竖向压力作用，随时间逐渐压实，但由于破碎岩块不可复原，岩块间的裂隙不能完全闭合，在受到地表新增荷载或其他条件发生变化时，将产生再压密，地表残余沉降相对比较均匀，对建筑物损害较小。

实践表明，在采用全部开采的采空区（如长壁垮落法开采），上覆岩层移动和地表沉陷随开采推进基本上同时发生，沉陷量和沉陷时间能够较准确地预测出来。但由于采空区的欠充填空洞、欠压密垮落岩块区和离层裂缝的存在，使得开采后的多年中，在上覆岩体自重荷载作用下，这些空隙将逐渐压实，采空区上方地表还将有少量的残余下沉和变形值，这种地表残余沉降相对比较均匀，对建筑物损害较小并将长期存在。在地表新增荷载、临近采空区开采或其他外力作用下，有可能打破原来的相对应力平衡状态，诱发覆岩结构破坏，加剧空隙的再压密，使采空区“活化”，导致采空区地表再次出现较大的残余沉降，对地表新建建筑物构成一定的安全隐患。应根据采空区“活化”特征预测地表残余沉降变形的大小，制定相应的地基治理措施和建筑物抗变形结构措施。

2）部分开采采空区

部分开采的采空区以所留设的条带或房式煤柱的长期稳定性来支撑上覆岩层自重，若煤柱设计不合理，或在其他外力作用下，可能导致结构失稳从而引起覆岩破坏和地表塌陷。

（1）煤柱失稳型。部分开采的覆岩和地表沉降主要由煤柱的压缩、煤柱压入底板、煤柱上覆岩层的压缩等几部分组成，其中煤柱的永久稳定性是保证部分开采采空区稳定的主要因素。目前主要有两种方法评价和描述煤柱的应力过程和失稳机理：极限强度理论和逐步破坏理论。部分煤柱可分为边缘屈服带和煤柱核心带。若煤柱设计不合理，或在上覆岩体自重、采空区进失水条件变化、地表新增荷载或其他外力作用下，煤柱两侧的塑性屈服区宽度逐渐增大、连通，煤柱失去核心区，承载能力降低，导致煤柱失稳破坏。以崩塌或蠕变状态溃屈，上覆岩层随之垮落沉陷，引起地表再次出现较大的移动与变形。

（2）顶板坍塌型。开采浅部煤层时大多采用小采宽和小留宽的布置方式，由于采出空间较小，采后一定时期内顶板不垮落或垮落到一定高度后形成相对平衡的自然拱。在地表新增荷载作用下，由于埋深较浅，采空区上覆岩层可能产生抽冒型破坏和塌陷，对地表建筑的安全威胁极大。此类采空区的稳定性除了要分析和验算煤柱的稳定性外，还要进行采空区上覆岩体的整体稳定性评价研究。塌陷破坏一般包括逐层垮落破坏和整体塌陷破坏两种类型。逐层垮落破坏是在外力作用下采空区上覆岩层逐层失稳垮落、逐层向上发展，直至到达地表。整体塌陷破坏是在外力作用下打破了采空区上覆岩层与相邻岩层间的摩擦力和黏聚力平衡状态，使其整体垮落下来，造成地表塌陷。

采用部分开采（如房柱法、条带开采或穿巷开采法等）形成的采空区，顶板不垮落或不充分垮落，采空区残留有大量欠充填的空洞。残留煤柱形成的支撑使得采空区上方地表处于暂时的相对稳定状态，但由于残留煤柱不规则，尺寸又小，在外在因素（如地震、采空区水位变化、临近采空区开采等）的影响下有可能使这些煤柱失稳破坏，采空区顶板垮落、煤柱坍塌，或煤柱压入较软弱的底板，由此造成的上覆岩层抽冒、移动破坏、地面沉陷，地表容易再次发生较大的不均匀沉降。这种地表沉陷在开采后几十年或者甚至上百年后都可能发生，沉陷量和出现时间难以准确预测，因此，部分开采采空区上方地表处于长期的不稳定状态。我国许多老矿区有上百年的采矿历史，古代和近代的采矿方法远没有现在这样高的采出效率，采煤方法主要为老式的巷柱式、房柱式或钟形矿洞式等，由于不充分开采和围岩的非充分变形，导致采空区的欠充填空洞（矿洞）长期存在，形成失稳和塌陷沉降隐患，对地面建筑物构成极大威胁。原则上不进行采空区岩体加固，地面是不能建设大型建筑的。

3.4 采空区“活化”覆岩移动变形规律数值模拟实验

地表残余沉陷变形的计算需要了解与掌握地表残余沉降规律。鉴于采空区地表长期观测资料的缺乏，本章拟借助于数值模拟实验，系统研究采空区的“活化”机理及地表残余沉降变形规律。

3.4.1 计算模型

研究拟采用离散元法，该方法是一种显示求解的动态数值分析方法。在模拟计算时，首先将计算模型划分为若干块体，以牛顿第二定律为基础，结合模拟对象满足的本构模型，模拟非连续介质在动载或静载作用下的运动状态、受力状态以及块体运动随时间的变化关系。该方法允许块体沿不连续面发生平动、转动和块体间分离，可形象表达位移场、应力场和速度场等力学参量的变化过程，尤其适合节理岩石、层状岩体或者不连续块体集合体系在动/静载作用下的力学响应并可模拟物体的破坏过程，在岩土、采矿、地震等领域应用广泛。

实验采用通用数值模拟软件 UDEC。设计模型煤层采厚 $M=3.0$ m，倾角 $\alpha=0°$，采深 $H_0=100$ m，松散层厚度 $H_s=20$ m，基岩厚度 $H_j=80$ m，基岩由砂岩、泥岩和砂质泥岩等岩性组成。为了更加真实地反映围岩环境，模型向采空区水平方向各增加了约 150 m，底板深度延伸至 150 m，模型建立尺寸为 425 m×150 m($X\times Y$)。图 3-14 所示为数值模拟网格划分。

模型边界条件：左右边界施加简支约束边界条件，以约束水平位移，下部边界以固定支承约束，限制水平和竖直两个方向的位移，上部边界为自由面。初始垂直应力为自重应力，初始水平应力取垂直应力的 0.8 倍。模型中松散层和煤岩体的本构模型选用反映材料剪切破坏特性的摩尔-库仑（Mohr-Coulomb）模型，节理选用面接触库仑滑动模型。表 3-3、表 3-4 分别为本模型岩体和节理计算力学参数。

模型计算分成以下两组：

（1）模拟壁式采空区，采空区宽度为 125 m。模型从地表对采空区进行加载试验，以研究壁式采空区在地面新增荷载作用下“活化”移动规律。

（2）模拟部分开采采空区，采空区内采一条留一条，采四条留三条，采宽 20 m，留宽 15 m，部分开采采空区总宽为 125 m。模型对采空区内煤柱进行屈服化处理，以研究部分开采采空区失稳“活化”的移动规律。

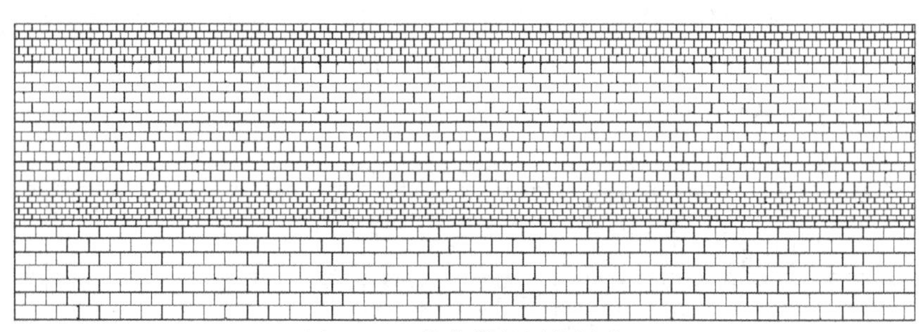

图 3-14　数值模拟网格划分

表 3-3　模型岩体计算力学参数

序号	岩性	厚度/m	密度/(kg·m^{-3})	矿体尺寸		弹性模量/GPa	泊松比	抗拉强度/MPa	摩擦角/(°)	黏聚力/MPa
				X_a/m	Y_b/m					
1	松散层	20	1800	4	4	0.01	0.3	0.002	15	0.3
2	砂质泥岩	35	2520	8	5	9.8	0.14	2.4	43	6.8
3	砂岩	30	2660	6	5	15.9	0.2	4.5	43	11.2
4	泥岩	15	2400	4	3	7.9	0.13	1.7	42	8.4
5	煤	3	1400	5	3	1.9	0.11	1.2	44	2.6
6	砂岩	47	2660	10	6.8	15.9	0.2	4.5	43	11.2

表3-4 模型节理计算力学参数

序号	节理性质	倾角/(°)	法向刚度/GPa	切向刚度/GPa	抗拉强度/MPa	摩擦角/(°)	黏聚力/MPa
1	水平节理	0	100	10	0	30	1.0
2	竖直节理	90	100	10	200	0	100

3.4.2 壁式采空区“活化”数值模拟研究

1. 壁式开采岩移规律

图3-15所示为数值模拟壁式开采的覆岩破坏情况。从图3-15可以看出，煤层采用长壁全部垮落法开采后，上覆岩层在重力作用下，发生一系列的弯曲、断裂破坏和复杂的移动变形，最终在覆岩竖向上形成明显的“三带”（垮落带、断裂带和弯曲带）破坏特征：垮落带内岩层失去原有层位，断裂破碎成岩块，堆积充填采空区，岩块之间没有足够的水平力使其成为一个整体，存在大量的裂缝和空隙；断裂带内岩层弯曲断裂，但尚保持其原有层位，块体间相互咬合、铰接，形成一定的铰接砌体岩梁半拱结构或悬臂梁结构，采动次生结构面主要以块体间竖向裂隙和层间的离层裂隙为主；弯曲带岩层保持整体性和层状结构，破坏性很弱，存在离层裂缝。垮落断裂带破碎岩体在不同位置上的压密程度不同，覆岩在水平上也具有明显的“两区”（未充分充填区和压密区）特征：未充分充填区位于采空区边界附近，由于长壁采空区上方砌体梁结构的支撑，砌体梁结构下方存在未被垮落岩块充分充填的三角形空洞；压密区位于采空区中部，由于该区域覆岩垮落破坏充分，且有部分上覆荷载作用于垮落岩块上，该区域上覆岩层中一般没有大的空洞存在，但在软-硬岩层交界面处有离层产生。

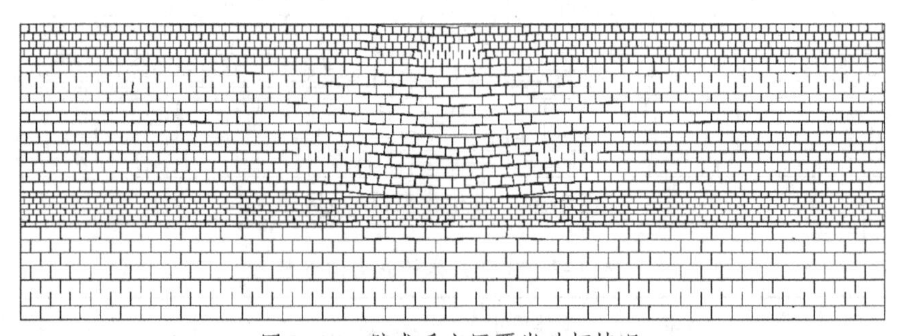

图3-15 壁式采空区覆岩破坏情况

图3-16、图3-17分别为数值模拟壁式覆岩移动矢量图和覆岩下沉云图。由图3-16可以看出，煤层采用长壁全部垮落法开采后，覆岩移动主要以上覆岩层拉伸变形为主，覆岩经历过冒落、裂缝、离层和弯曲等移动和变形，由下往上向地表传播。在竖直方向上，由于覆岩内残留有较多的空洞、离层、裂缝等空隙，覆岩移动在向地表传播的过程中出现衰减，沉降量由下往上递减，至地表时值最小。在水平方向上，采空区中央因覆岩垮落破坏比较充分，下沉量最大；采空区两侧煤柱上方岩体虽受到采动影响，岩体产生弯曲或压缩，但整体性较好，水平裂缝不发育，下沉量最小；采空区边缘附近上方覆岩受采动影响产生弯曲，岩体破坏程度介于采空区中央充分采动区和煤柱上方二者之间，故下沉量也介

于两者之间。

图 3-18 所示为壁式最终稳定后地表下沉曲线。由图 3-18 可以看出，煤层采用长壁全部垮落法开采后，最终在地表呈现出以采空区为中心、下沉量向两侧递减的宽缓沉陷盆地，下沉曲线分布符合正态分布。模拟结果显示壁式地表最大下沉值为 2627 mm。

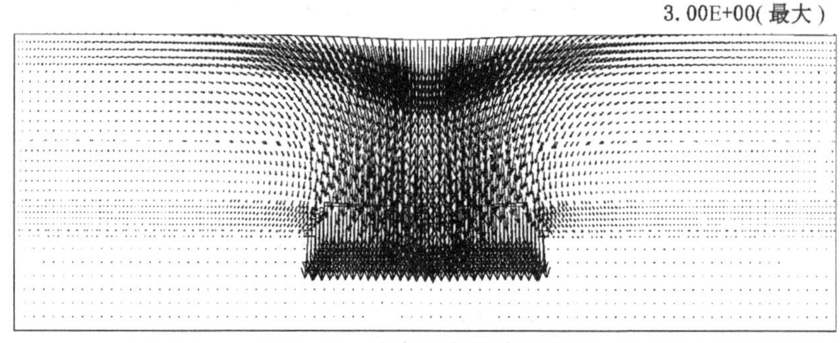

图 3-16　壁式覆岩移动矢量图

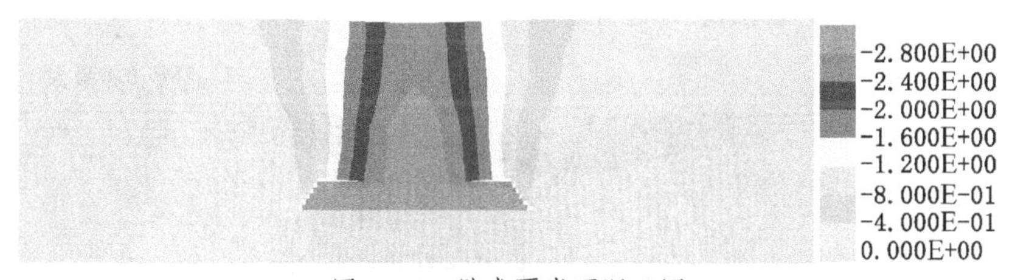

图 3-17　壁式覆岩下沉云图

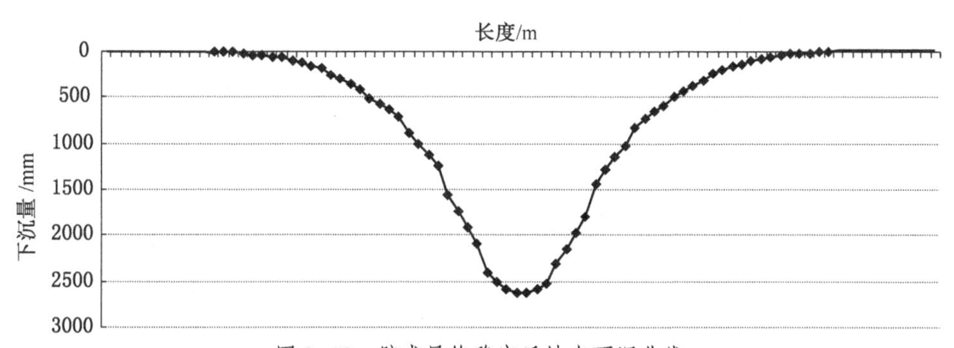

图 3-18　壁式最终稳定后地表下沉曲线

2. 荷载作用下壁式采空区“活化”岩移规律

为模拟壁式采空区的“活化”移动，模型在地表对采空区进行了加载，荷载大小为 1800 kN/m，范围为整个上部自由边界。

图 3-19 所示为数值模拟荷载作用下壁式采空区覆岩破坏情况。由图 3-19 可以看出，壁式采空区在荷载作用下，覆岩内残留的空洞、离层、裂缝等空隙明显被压实，岩体内空洞空间明显减小；离层减小，甚至闭合；裂缝被压密或消失。

图 3-20、图 3-21 分别为数值模拟荷载作用下壁式采空区覆岩“活化”移动矢量图和覆岩“活化”下沉云图。由图 3-20 可以看出，壁式采空区在荷载作用下，打破了覆岩内

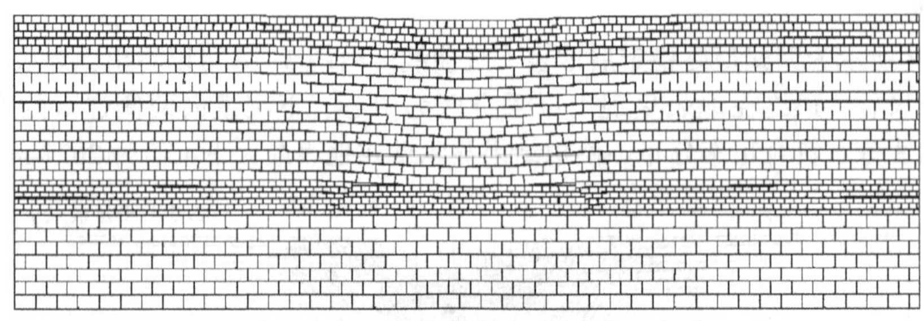

图 3-19 荷载作用下壁式采空区覆岩破坏情况

原来的相对应力平衡状态，产生应力再分布，造成岩层和地表的再次移动、变形，即老采空区的“活化”移动。在竖直方向上，由于这种“活化”移动是由覆岩内残留的空洞、离层、裂缝等空隙再压实引起的，故沉降量由下至上是累积增加的，至地表值最大。在水平方向上，覆岩“活化”移动量整体符合“中间大，两侧边缘小”的特点，这是因为采空区上方“活化”移动量主要是由荷载作用下的空隙再压实引起的；煤柱上方“活化”移动量则是由荷载作用下岩层的压缩引起的。

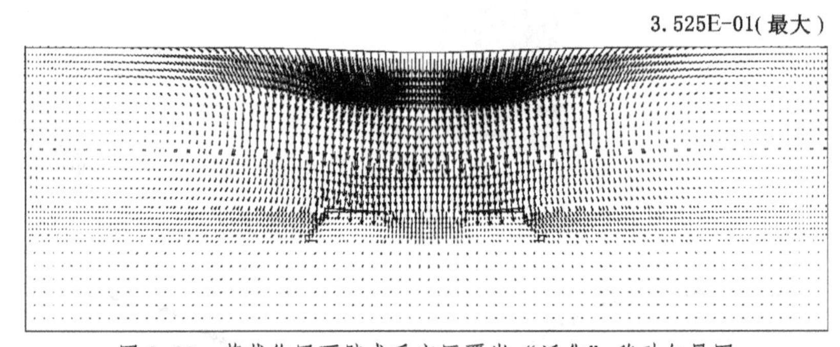

图 3-20 荷载作用下壁式采空区覆岩“活化”移动矢量图

图 3-21 荷载作用下壁式采空区覆岩“活化”下沉云图

图 3-22 所示为荷载作用下壁式采空区上方地表下沉曲线。由图 3-22 可以看出，壁式采空区在荷载作用下，地表“活化”下沉分布仍呈现中部下沉量大、两侧边缘下沉小的盆形特点，只在采空区边缘附近下沉量比采空区中央大，但整体符合正态分布。模拟结果显示，荷载作用下壁式地表最大“活化”下沉值约为 340 mm。

3.4.3 部分开采煤柱失稳“活化”数值模拟研究

1. 部分开采岩移规律

图 3-23 所示为数值模拟部分开采后覆岩破坏情况。由图 3-23 可以看出，煤层采用部

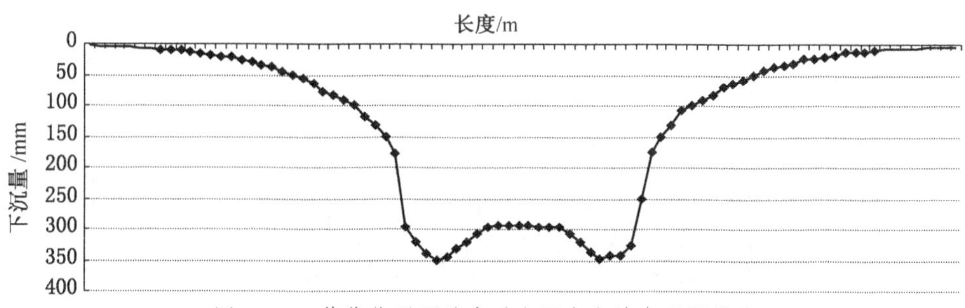

图 3-22 荷载作用下壁式采空区上方地表下沉曲线

分开采（条带开采）后，由于采宽小，采动非充分，覆岩冒落、断裂发育都很不充分，采空区顶板只在垮落很小的高度后即停止，并与采空区留下的煤柱形成应力平衡拱，支撑起上覆岩层的荷载，较好地控制岩层和地表的沉陷。但由于部分开采采空区内残留有大量欠充填的空洞，残留煤柱在采后一定时期经外力（地表新增荷载、上覆岩层自重和其他如地下水、周围采动等）作用容易破坏失稳，存在着较大的失稳“活化”和再次沉陷隐患。

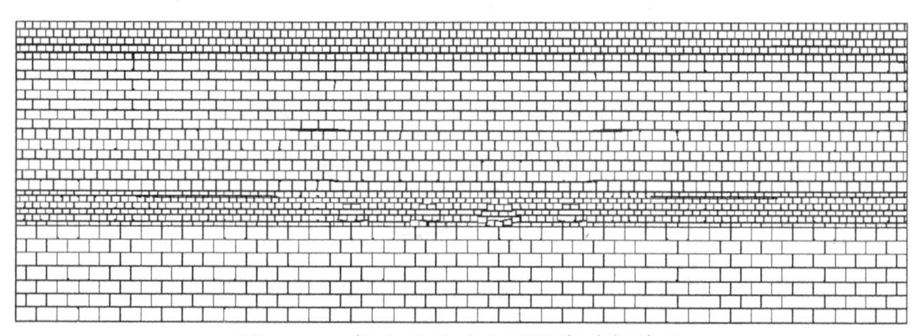
图 3-23 部分开采采空区覆岩破坏情况

图 3-24、图 3-25 分别为数值模拟部分开采后覆岩移动矢量图和覆岩下沉云图。由图 3-24 可以看出，煤层采用部分开采（条带开采）后，岩层只在局部冒落带出现较大的位移，其他范围由于采空区残留部分煤柱的支撑，移动较小。覆岩与地表位移主要由支撑煤柱上方覆岩压缩变形引起，其沉陷量主要由煤柱的压缩、煤柱压入底板和煤柱压入顶板三部分组成，并且由于累及效应使得覆岩沉降量由下往上逐渐增加，至地表时值最大。

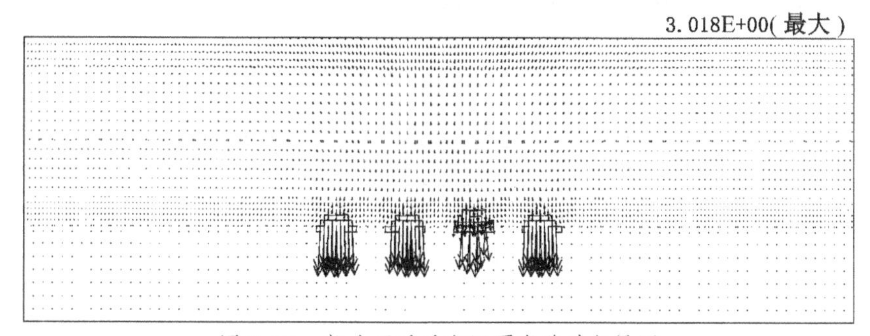

图 3-24 部分开采采空区覆岩移动矢量图

图 3-26 所示为部分开采最终稳定后地表下沉曲线。由图 3-26 可以看出，煤层采用部

图 3-25 部分开采采空区覆岩下沉云图

分开采（条带开采）后，最终在地表呈现以采空区为中心、下沉量向两侧递减的单一的浅缓沉陷盆地，其下沉曲线分布也完全符合正态分布。模拟结果显示部分开采地表最大下沉值为 154 mm。

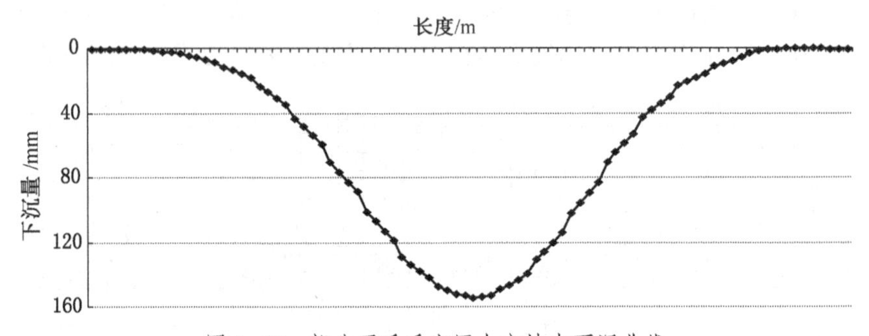

图 3-26 部分开采采空区上方地表下沉曲线

2. 煤柱失稳“活化”岩移规律

为模拟部分开采采空区的煤柱失稳“活化”移动，模型对采空区煤柱进行了屈化处理，即改变煤柱块体的材料模型，将其设置为应变软化/硬化（SS）模型。

图 3-27 所示为数值模拟煤柱失稳情况下部分开采采空区覆岩破坏情况。由图 3-27 可以看出，部分开采（条带开采）采空区在条带煤柱失稳后，煤柱屈服坍塌，顶板岩层垮落充填采空区，因条带煤柱而彼此隔离的老采空区垮落断裂带相互贯通，垮落裂缝区域明显扩大，高度也增加，最终形成一个范围较大、较发育的垮落裂缝带。

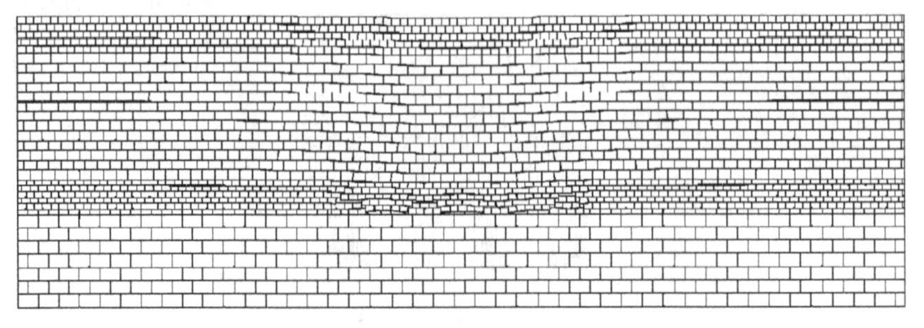

图 3-27 煤柱失稳情况下部分开采采空区覆岩破坏情况

图 3-28、图 3-29 分别为数值模拟煤柱失稳情况下部分开采采空区覆岩“活化”移动

矢量图和覆岩“活化”下沉云图。由图3-28可以看出，部分开采（条带开采）采空区在条带煤柱失稳后，打破了覆岩内残留煤柱支撑保持的应力平衡状态，产生应力再分布，造成老采空区的失稳“活化”移动。这种“活化”移动以上覆岩层拉伸变形为主，也有部分开采采空区内残留空隙的再压实，覆岩沉降量总体上是由下往上递减的，至地表时值最小，但在原部分开采采空区也会出现较大的沉降量。

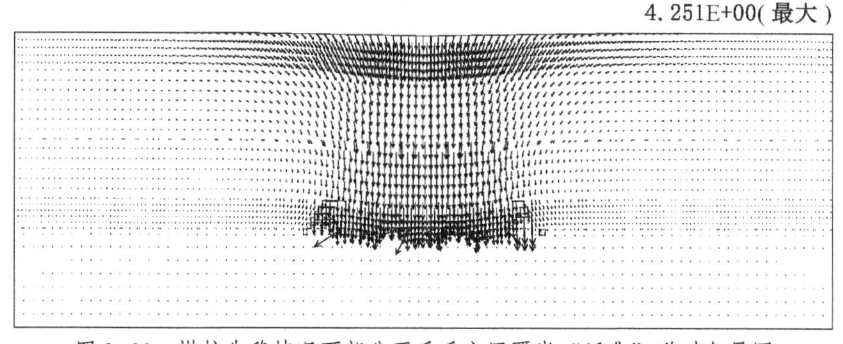

图3-28　煤柱失稳情况下部分开采采空区覆岩“活化”移动矢量图

图3-29　煤柱失稳情况下部分开采采空区覆岩“活化”下沉云图

图3-30所示为煤柱失稳情况下部分开采采空区上方地表下沉曲线。由图3-30可以看出，部分开采（条带开采）采空区在条带煤柱失稳后，会引起相邻已采条带采空区上方岩层的二次破坏和沉降，采动增至充分，上覆岩层移动充分，地表开始出现以中间为中心、向两侧递减的移动盆地，其下沉曲线分布符合正态分布。模拟结果显示煤柱失稳情况下部分开采采空区上方地表最大下沉值为1245 mm，下沉量比较大，说明煤柱失稳后地表“活化”残余沉陷移动和变形比较剧烈，对地面建筑物威胁较大。

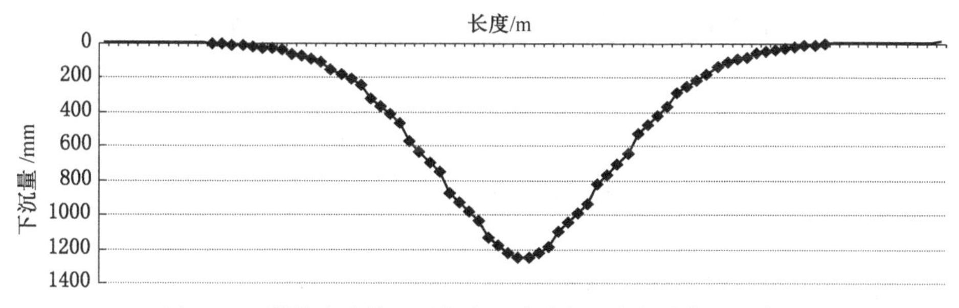

图3-30　煤柱失稳情况下部分开采采空区上方地表下沉曲线

3.5 地表残余沉陷变形计算方法

由于大量的采空区都没有进行地表沉陷长期观测，因此到目前为止对采空区地表残余沉降变形计算的研究还比较少，主要根据经验数据进行计算。我国地表移动变形预计的方法主要有典型曲线法、负指数函数法、概率积分法、数值计算法（有限单元法、边界单元法和离散单元法等）等。其中，概率积分法是以正态分布函数为影响函数用积分式表示地表下沉盆地的方法，适用于常规的地表移动与变形计算。数值模拟结果显示，采空区“活化”状态下的地表残余沉降分布大都符合正态分布，这表明地表残余沉降计算也可以用概率积分法计算。

3.5.1 地表残余沉降计算的随机介质模型

根据随机介质理论导出概率积分法开采沉陷预测模型，地表沉陷分布具有以下特征：

（1）充分采动条件下最大下沉值 W_{cm} 总是小于采出厚度，即下沉系数小于 1；其主要原因是采动后覆岩岩体的碎胀和岩层间离层不能完全闭合。

（2）下沉盆地中下沉量为 $0.5W_{cm}$ 的点（在概率积分法中为拐点）位于采空区边界内侧并有一定距离；这是因为采空区边界煤柱上方覆岩中存在悬臂梁或砌体梁拱式结构，造成采空区边界不能充分充填。

假设在岩层移动过程结束后，所有的采动裂隙均被充分充填并压密，则形成的地表移动盆地应是理想的随机介质模型下沉分布形式，或称为理想的极限下沉分布，在极限下沉分布中最大下沉量等于采厚乘以极限下沉系数 q_1。

对于水平煤层，半无限开采条件下的极限下沉分布曲线为

$$W_1(x)=\frac{q_1M}{2}\left[erf\left(\frac{\sqrt{\pi}}{r_1}(x-s_1)\right)+1\right] \tag{3-58}$$

式中 $W_1(x)$——理想随机介质模型极限下沉分布曲线；

M——开采厚度；

erf——概率积分函数，可查表求出；

r_1——极限下沉分布中主要影响半径；

q_1——极限下沉系数，显然，$q_2<q_1<1$；

s_1——极限下沉分布中拐点偏移距；

x——地表点至采空区边界的距离。

由于破裂岩体碎胀和采空区边界的顶板不能充分垮落，开采后地表移动基本稳定时实际的地表下沉曲线为

$$W_2(x)=\frac{q_2M}{2}\left[erf\left(\frac{\sqrt{\pi}}{r_2}(x-s_2)\right)+1\right] \tag{3-59}$$

式中 $W_2(x)$——开采后地表移动基本稳定时随机介质模型下沉分布曲线；

r_2——开采后地表移动基本稳定时下沉分布中主要影响半径；

q_2——开采后地表移动基本稳定时实际的下沉系数；

s_2——开采后地表移动基本稳定时拐点偏移距。

假设采空区在各种因素综合作用下，开采后地表移动基本稳定后又经过了相当长的时

间，所有可能的残余沉降已全部发生，地表最终沉陷可达到理想的极限下沉分布状态，即用 $W_1(x)$ 来描述。则采空区地表可能发生的极限（最大）残余下沉分布为

$$W_c(x) = W_1(x) - W_2(x) = \frac{q_1 M}{2}\left[erf\left(\frac{\sqrt{\pi}}{r_1}(x - s_1)\right) + 1\right] - \frac{q_2 M}{2}\left[erf\left(\frac{\sqrt{\pi}}{r_2}(x - s_2)\right) + 1\right]$$

$$= \frac{W_{1cm}}{2}\left[erf\left(\frac{\sqrt{\pi}}{r_1}(x - s_1)\right) + 1\right] - \frac{W_{2cm}}{2}\left[erf\left(\frac{\sqrt{\pi}}{r_2}(x - s_2)\right) + 1\right] \quad (3-60)$$

式中　$W_c(x)$ ——采空区地表可能发生的极限（最大）残余下沉分布曲线；

$W_{1cm} = q_1 M\cos\alpha$，为倾角为 α 的煤层开采后地表最终极限最大下沉值；

$W_{2cm} = q_2 M\cos\alpha$，为倾角为 α 的煤层开采后地表移动基本稳定时的最大下沉值。

W_c 可作为采空区地表残余沉降的最大估值，按式（3-60）计算出的是采空区地表残余沉降的最大分布状态。在采空区上方建筑物是百年大计，应保证建筑物长期安全，因此应该用此最大估值作为建筑物抗变形结构设计的依据。极限下沉系数 q_1 可根据充分压实后的岩石残余碎胀系数进行估算，或直接按其极限状态 $q_1 = 1$ 考虑。

计算开采后地表移动基本稳定之后不同时期的地表残余沉降，可直接按下式计算：

$$W(x) = \frac{qM}{2}\left[erf\left(\frac{\sqrt{\pi}}{r}(x - s)\right) + 1\right] = \frac{W_{cm}}{2}\left[erf\left(\frac{\sqrt{\pi}}{r}(x - s)\right) + 1\right] \quad (3-61)$$

$$W_{cm} = qM\cos\alpha$$

式中　$W(x)$ ——开采后不同时期往后的随机介质模型地表残余下沉分布曲线；

W_{cm}——倾角为 α 的煤层开采后不同时期往后的地表最大残余下沉值；

r——地表残余下沉分布中的主要影响半径；

q——地表残余下沉系数，根据开采后不同时间选取不同的数值；

s——地表残余下沉分布中的拐点偏移距；

x——地表点至采空区边界的距离。

通过求一阶导数和二阶导数可获得地表残余倾斜、曲率及水平移动和水平变形的计算公式：

$$\begin{cases} i(x) = \dfrac{W_{cm}}{r} e^{-\pi\frac{(x-s)^2}{r^2}} \\ K(x) = -\dfrac{2\pi W_{cm}}{r^2}\dfrac{x - s}{r} \cdot e^{-\pi\frac{(x-s)^2}{r^2}} \\ U(x) = b \cdot W_{cm} \cdot e^{-\pi\frac{(x-s)^2}{r^2}} \\ \varepsilon(x) = \dfrac{2\pi b \cdot W_{cm}}{r^2} \cdot (x - s) \cdot e^{-\pi\frac{(x-s)^2}{r^2}} \end{cases} \quad (3-62)$$

式中　b——地表残余沉降的水平移动系数。

用以上各式可以计算半无限开采条件下采空区开采后不同时期的地表残余移动和变形分布。可根据以上各式推导出有限开采、多工作面开采时采空区地表任意点的残余移动和变形计算公式。

概率积分法预计参数主要有下沉系数 q、水平移动系数 b、主要影响角正切 $\tan\beta$、拐点偏移系数 s/H 和开采影响传播角 θ。

3.5.2 地表残余沉降计算参数研究

地表残余移动与变形可以用概率积分法进行预计，一般而言，采用概率积分法应具备经实测资料充分验证的相应参数预计结果才可靠。但是，限于采空区地表残余沉降延续时间长、数值较小，一般难以用实测方法掌握它的全部发展规律。即使在采空区地表留有观测点，开采移动基本稳定后又继续观测了若干年，当监测到测点沉降已到观测仪器误差范围内后，事实上，到了这时刻仍不能断定采空区地表残余沉降就已结束。当采空区在发生充水或失水变化，临近开采影响、地震或地应力等作用下发生“活化”时，采空区地表又将再次沉降，而这些条件或作用发生的时间难以预料，实测时也难以捕捉。以上原因导致了采空区地表残余沉降规律难以现场实测研究。鉴于地表残余沉降对采空区地表新建建（构）筑物的破坏影响，本节将结合数值模拟结果并综合考虑各种因素，以确定地表残余沉降计算参数。

1. 壁式地表残余沉降计算参数

《建筑物、水体、铁路及主要井巷煤柱留设与压煤开采规范》（以下简称《“三下”采煤规范》）规定，地下煤层开采结束以后，当地表半年累计下沉量小于 30 mm 时可认为地表移动期结束。实际上，由于采空区覆岩内存在着空洞、裂缝、离层等空隙，使得开采后的多年中，采空区即使在自然沉降状态下（即采空区没有外力作用或外力作用不至于引起采空区“活化”的情况下），这些空隙也会进一步密实，采空区上方地表还将发生有少量的残余下沉和变形值，这个残余沉降将持续相当长一段时间。

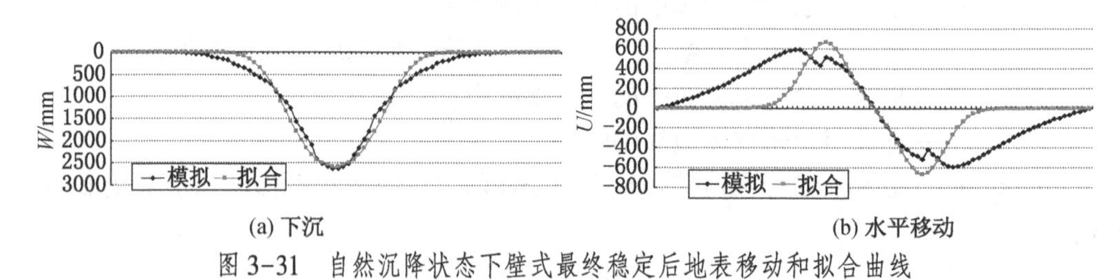

(a) 下沉　　(b) 水平移动

图 3-31　自然沉降状态下壁式最终稳定后地表移动和拟合曲线

表 3-5　自然沉降状态下地表最终稳定时概率积分法拟合移动值和参数

开采类型	最大移动值		拟合参数			
	W_{max}/mm	U_{max}/mm	q	b	$\tan\beta$	s/H
壁式	2571	±665	0.94	0.25	1.8	0.15

图 3-31 所示为自然沉降状态下壁式最终稳定后地表移动模拟和拟合曲线。表 3-5 为概率积分法拟合后的移动值和参数。从上述图表中可以看出，壁式最终稳定后地表移动与变形具有如下特点：①概率积分法可以较好地拟合各模拟曲线，下沉曲线拟合的效果更好，但拟合曲线在边界收敛得太快；②地表最终稳定时的下沉分布仍为中部下沉量大、两侧边缘下沉小的盆形特点，符合实际地表沉陷情况，拟合下沉系数为 0.94，与地表基本稳定时实测的下沉系数（中硬覆岩时约为 0.55~0.84）相比偏大，说明地表稳定后，地表还将有残余沉降，这种地表残余沉降是采空区地表常规沉陷的延续；③拟合水平移动系数为

0.25，主要影响角正切为1.8，拐点偏移距为0.15倍采深（内偏），这些参数值与地表基本稳定时实测参数基本相同，在预测残余沉降时可以参考常规的地表沉陷参数。

根据数值模拟结果并综合考虑各种因素，确定自然沉降状态下地表残余沉降计算参数：

1）残余下沉系数 q_r

自然沉降状态下残余沉降与开采方法、覆岩性质、采后延续时间、开采深度、煤层采厚、采动充分度等诸多因素有关。大量现场实测数据表明，对于长壁工作面正规大面积开采而言，残余下沉系数主要与开采结束后延续时间密切相关，工作面停采时间越长，其剩余的残余沉降量越小。研究表明残余下沉系数与开采结束后延续时间成负指数函数关系递减，其计算公式可表示为 $q_r=ae^{-bt}$，系数 a、b 取决于采空区条件。根据几个矿井的实测资料分别求 a、b 值，如：①井亭矿6203炮采工作面：$q_r=0.077e^{-0.383t}$（t 的单位为3个月）；②西曲矿12208长壁全采工作面：$q_r=0.05e^{-0.25t}$（t 的单位为年）；③陶二矿1237长壁全采工作面：$q_r=0.075e^{-0.17t}$（t 的单位为年）。

a、b 取值相差悬殊，不具备推广应用价值，主要是原因考虑的影响因素比较少；另外，未从机理上认清地表残余沉陷变形的沉陷本质，对时间参数 t 设定为工作面停采时间或地表“移动期结束”后的时间。而实际上，从岩层力学的角度来看，覆岩采动沉陷过程可分为岩体卸压变形和岩体密实沉陷两个阶段。岩体卸压变形阶段是指地下煤层被采出后，开采形成的空间在覆岩内产生大量新生空间（空洞、离层、裂缝等空隙），地表沉降形成下沉盆地；岩体密实沉陷阶段是指工作面停采一段时间后，上覆岩体重新受到采空区内冒落矸石的支撑，岩体应力开始重新得到恢复并逐渐增大至自然重力恒载状态，覆岩在应力恢复过程中将随时间推移发生压密。地表残余沉陷变形是岩体密实沉陷阶段延续在地表的一种表象，时间参数 t 应从地表沉陷进入岩体密实沉陷阶段算起更合适。

参照上述观测资料分析并综合考虑各种影响因素，求得长壁全采采空区在停采t年后的地表残余下沉系数 q_r 经验公式：

$$q_r(t)=(q_f-q_d)e^{-1.2\frac{\sqrt{n_1n_2}}{\ln H}(t-t_0)} \tag{3-63}$$

式中 q_f——地表极限下沉系数，其值略小于长壁开采块段的回收率；

q_d——地表沉陷进入岩体密实沉陷阶段时的下沉率，可实测获得，其值略小于地表基本稳定时实测的下沉系数；

n_1、n_2——倾向和走向采动程度系数，其值为采宽与采深之比，若值大于1，则取1；

H——采深，m；

t_0——工作面停采至地表沉陷进入岩体密实沉陷阶段的时间，一般取值0.5年。

若无实测资料，采空区地表残余下沉系数 q_r 可以根据开采结束时间大致确定，取值见表3-6。

表3-6 自然沉降状态下地表残余下沉系数参考值

开采结束时间/年	3	5	10	15	20年以上
残余下沉系数	0.07	0.05	0.04	0.03	0.02

2）拐点偏移系数 S/H

采空区开采结束后，采空区边界煤壁附近存在大量的空洞、裂隙，顶板形成悬臂结构，致使开采后地表移动基本稳定时的下沉曲线拐点位于采空区内侧并有一定距离，这就是拐点偏距，用拐点偏移系数 S/H 反映。据《"三下"采煤规程》，当覆岩类型分别为坚硬、中硬、软弱时，开采基本稳定的 S/H 取值分别为 0.31~0.43、0.08~0.30、0~0.07。

随着开采后结束时间的延长，采空区边界的空洞、裂隙及顶板悬臂结构在自重荷载作用下会逐渐压密，产生地表残余沉降变形。因此，计算采空区地表残余沉降时的拐点偏移系数可参照基本稳定时的参数稍微取小些。

3）主要影响角正切 $\tan\beta$

残余沉降时的主要影响角正切 $\tan\beta$ 不随开采结束后时间的延长而变化，其取值参照常规沉陷变形的 $\tan\beta$。据《"三下"采煤规范》，当覆岩类型分别为坚硬、中硬、软弱时 $\tan\beta$ 取值分别为 1.2~1.91、1.92~2.40、2.41~3.54，但当松散层较厚时，$\tan\beta$ 取值应适当减小。

4）水平移动系数 b

残余沉降时的水平移动系数取值参照常规沉陷变形的 b。据《"三下"采煤规程》，地表开采基本稳定时 b 取 0.2~0.3。

5）开采影响传播角 θ

残余沉降时的开采影响传播角 θ 取值参照常规沉陷变形的 θ。据《"三下"采煤规程》，$\theta=90°-k\alpha$（α 为煤层倾角），当覆岩类型分别为坚硬、中硬、软弱时 k 分别取 0.7~0.8、0.6~0.7、0.5~0.6。

2. 部分开采地表残余沉降计算参数

部分开采采空区残留有大量的煤柱，这些煤柱在外在因素（如地震、采空区水位变化或临近采空区开采等）的影响下有可能失稳破坏，致采空区"活化"，采空区"活化"模式主要是煤柱屈服坍塌引起覆岩应力再分配和部分开采残留空洞再次充填引起的覆岩二次移动，地表容易再次发生较大的不均匀沉降。

表 3-7　地表残余沉降概率积分法拟合后的移动值和参数

最大移动值		拟合参数			
W_{max}/mm	U_{max}/mm	q	b	$\tan\beta$	S/H
1252	±450	0.50	0.33	1.2	0.05

图 3-32 所示为部分开采煤柱失稳"活化"状态下地表残余沉降模拟和拟合曲线图。表 3-7 为概率积分法拟合后的移动值和参数。从上述图表中可以看出，部分开采煤柱失稳"活化"后地表残余沉降具有以下特点：①概率积分法可以较好地拟合各模拟曲线，部分开采煤柱失稳"活化"后地表残余沉降表现为单一下沉盆地；对于埋深较浅，地表产生抽冒型破坏的"活化"情况不在考虑之列，此种情况应进行采空区注浆处理；②拟合下沉系数为 0.5，拟合水平移动系数为 0.33，地表移动值都比较大，说明部分开采煤柱失稳"活化"后地表残余沉降移动变形非常剧烈，会对地表新建建筑物构成较大威胁；③主要影响角正切为 1.2，值偏小；拐点偏移距为 0.05 倍采深，内偏，说明因煤柱而彼此隔离的老采

空区垮落断裂带相互贯通，采空区“活化”后地表采动影响范围有所扩大；老采空区悬臂结构依然存在，但因“活化”影响而变小。

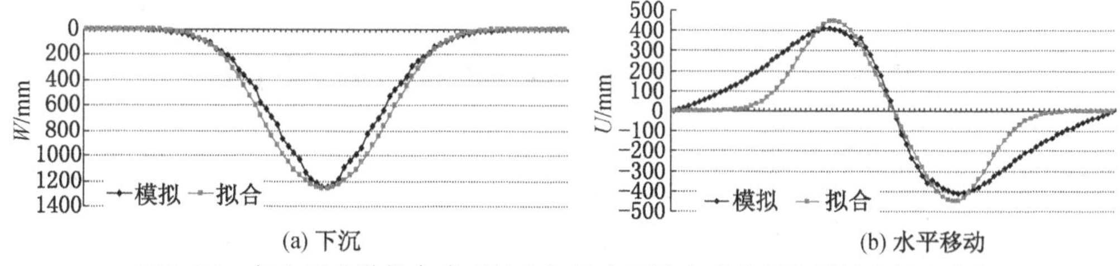

(a) 下沉　　(b) 水平移动

图 3-32　部分开采煤柱失稳“活化”状态下地表残余沉降模拟和拟合曲线

根据数值模拟结果，并综合考虑各种因素，确定部分开采煤柱失稳“活化”状态下地表残余沉降计算参数：

1）残余下沉系数 q_a

部分开采煤柱失稳“活化”后残余沉降与部分开采采出率、覆岩性质、煤柱分布情况等诸多因素有关。部分开采煤柱失稳“活化”主要是由于煤柱的屈服坍塌引起的覆岩与地表二次沉降，但因煤柱并未采出，沉降主要是由部分开采残留下的空洞、裂隙等空间引起的。因此，部分开采煤柱失稳“活化”后残余沉降量与部分开采的采出率有极大的关系，其残余下沉系数可表示为 $q_a=q_s\eta$。其中，η 为部分开采采出率，q_s 为采空区“活化”二次沉降下沉系数，其值可近似取地表基本稳定时实测的下沉系数 q。即 $q_a=q\eta$。

2）拐点偏移系数 S/H

部分开采煤柱失稳“活化”后，部分开采采空区悬臂结构依然存在，但因残留煤柱失稳，原来的煤柱支撑平衡体系破坏，老采空区悬臂结构上方附加荷载增加，悬臂下方空间被压实，拐点偏移距削弱，拐点偏移系数 S/H 减小，取值为 0~0.05。

3）主要影响角正切 $\tan\beta$

部分开采煤柱失稳“活化”引起相邻老采空区垮落断裂带相互贯通且上覆荷载向采空区两侧转移，采空区两侧覆岩进一步压缩下沉，从而导致地表采动影响范围扩大。因此，“活化”残余沉降后的主要影响角正切 $\tan\beta$ 取值应比常规沉陷变形的 $\tan\beta$ 要小，可取 1.0~1.5。

4）水平移动系数 b

部分开采煤柱失稳“活化”地表残余沉降剧烈，地表水平移动明显增大，水平移动系数 b 取值也相应变大，一般取 0.3~0.4。

5）开采影响传播角 θ

部分开采顶板不垮落或局部垮落，覆岩破坏有限，基本保持完整。“活化”残余沉降后的开采影响传播角 θ 取值可参照常规沉陷变形覆岩类型为软弱时的 θ 值。$\theta=90°-k\alpha$（α 为煤层倾角），k 取 0.5~0.6。

4　采空区地基稳定性评价

对于采空区地基稳定性评价，首先应查明采空区的开采情况及开采范围，详细掌握区域地质、水文地质与开采条件，在此基础上，科学计算地表的残余沉陷变形值，计算采空区垮落裂缝带发育高度和建筑物荷载影响深度，结合地表的残余沉陷变形值尤其是地表倾斜变形值及其他地质采矿条件，做出科学的地基稳定性评价。

4.1　资料收集与工程勘察

4.1.1　资料收集

在进行采煤塌陷区建设场地地基稳定性评价时，应当收集下列资料：

(1) 煤层开采的范围、层数、时间、采煤方法和开采煤层的地质、水文地质、采矿条件等，包括各煤层采掘工程平面图、井上下对照图、地形图、地质剖面图、钻孔柱状图、矿井地质报告等。

(2) 矿区地表移动、覆岩破坏观测资料，包括本矿井及本矿区的地表岩移观测资料、岩移角值参数和预计参数，覆岩破坏高度实测数据等。

(3) 建设场地自然地理资料，包括气象水文条件、地形地貌特征、区域地质构造情况、地震烈度、地表松散层厚度和基岩出露情况、工程水文地质条件、人类工程活动对地质环境的影响等。

(4) 拟建建（构）筑物的建筑结构特征，允许变形指标及建筑规划总平面图，包括拟建项目的基本情况、建筑场地宗地图、建筑规划总平面图、各建（构）筑物的结构特征、建筑层数（高度）及建筑荷载、地基承载力要求、允许沉陷变形指标等。

对于地方煤矿开采、小煤窑开采、浅部区域开采或开采条件不详的采空区，应采用物探、钻探、地质调查等综合方法，详细查明煤层开采的范围、采煤方法、开采层数、开采厚度，煤层倾角、开采时间和区域地质、水文地质条件。

4.1.2　采空区工程勘察

采空区工程勘察应根据基本建设程序分阶段进行，可分为可行性研究勘察、初步勘察、详细勘察。当采空区场地稳定且采空区对拟建工程影响不大时，可合并勘察阶段。

1. 一般规定

煤矿采空区工程勘察工作应包括下列内容：

(1) 查明开采煤层上覆岩层及第四系的岩性、区域地质构造等工程地质条件。

(2) 查明采空区开采历史、开采现状和开采规划以及开采方法、开采范围、开采厚度、煤层倾角和深度。

(3) 查明采空区的井巷分布、断面尺寸及相应的地表对应位置，采掘方式和顶板管理方法。

（4）查明采空区覆岩及垮落类型、发育规律、岩性组合及其稳定性。

（5）查明地下水的赋存类型、分布、补给排泄条件及其变化幅度。

（6）查明地表移动盆地特征和分布，包括地表裂缝、台阶、塌陷分布特征和规律。

（7）分析评价有害气体的类型、分布特征和危害程度。

2. 可行性研究勘察

可行性研究勘察阶段应以资料收集、采空区调查及工程地质测绘为主，以适量的物探和钻探工作为辅。该阶段主要包括以下内容：

（1）收集拟建场地地质地形图、区域地质报告、区域水文地质报告、勘查区煤炭资源详查地质报告、勘探报告、矿井生产地质报告以及交通、气象、地震资料。

（2）收集拟建场地及其周边煤层分布、采掘及压覆资源情况、采空区分布及其要素特征、地表移动变形和建筑物变形观测资料以及由于地表塌陷、变形引起的其他不良地质作用情况。

（3）在充分收集和分析已有资料的基础上，通过踏勘了解场地地层、构造、岩性、不良地质作用和地下水等工程地质条件。

（4）收集与调查采空区已有的勘察、设计、施工资料等，对其危害程度和发展趋势做出判断。

（5）可行性研究勘察阶段的调查范围应包括对拟建场地及其周边不小于500 m范围内有影响的煤矿采空区。

3. 初步勘察

初步勘察阶段，应搜集有关地质、采矿资料，并应以采空区专项调查、工程地质测绘、工程物探为主，辅以适当的钻探工作验证及水文地质观测试验。该阶段主要包括下列内容：

（1）收集拟建工程的有关文件、岩土工程资料以及工程场地范围的地形图。

（2）收集区域地质报告、区域水文地质报告、区域勘探报告、矿井生产地质报告、压覆重要矿产资源评估报告等。

（3）在可行性研究收集资料的基础上，开展采空区专项调查，查明采空区分布、开采历史和计划、开采方法、开采边界、顶板管理方法、覆岩种类及其破坏类型等基本要素。

（4）初步查明地质构造、地貌、地层岩性、工程地质条件、地下有害气体。

（5）初步查明地下水类型、埋藏条件、补给来源等水文地质条件，了解地下水位动态和周期变化规律。

4. 详细勘察

详细勘察阶段，应以工程钻探为主，并辅以必要的物探、变形观测及调查、测绘工作。该阶段主要包括下列内容：

（1）收集附有坐标和地形的拟建工程建筑总平面图，各建（构）筑物的性质、规模、平面尺寸、建筑高度、荷载、结构特点，基础形式、埋置深度、地基允许变形值等资料。

（2）在初步勘察工作的基础上，应进一步详细查明对工程建设有影响的采空区分布、规模、历史及其他要素特征，覆岩结构特征，地下水文地质条件及有害气体等情况。

（3）对于稳定性差、需要治理的采空区，勘探点布置应结合采空区治理综合确定，尽量做到一孔两用（勘察、注浆），钻探孔深度应达到对工程建设有影响的采空区底板以下不小于 3 m。

5. 采空区工程勘察

对小窑采空区或情况不明的采空区，应通过搜集资料、调查访问、地质测绘、物探和钻探等工作，查明采空区范围和巷道的位置、大小、埋藏深度、开采时间、开采方式、塌落和充水等情况，查明地表沉陷变形、地表裂缝及对建筑物的影响，查明水文地质条件及抽排水情况。

采空区物探宜采用高密度电法、瞬变电磁法、三维地震、地质雷达等综合物探方法，物探有效范围应包括拟建工程及其影响范围、对工程建设可能有影响的地段，解译深度应能达到采空区底板以下 15~25 m。

采空区钻探应根据调查访问、地质测绘及物探成果资料，结合坑洞分布、走向、物探异常点、工程特点等进行布置，钻探孔深度应达到对工程建设有影响的采空区底板以下不小于 3 m 并应满足孔内物探需要。

6. 采动边坡工程勘察

拟建工程场地或其附近存在不利于工程安全的采动边坡时，应进行专门的采动边坡岩土工程勘察。

采动边坡勘察应查明老采空区上覆边坡的稳定性，并应预测新采空区和未来（准）采动区边坡移动变形的特征和规律及其对边坡稳定性的影响和可能的失稳模式，同时应对采动边坡提出合理的治理措施与监测方案。

4.2 建筑物荷载影响深度计算

建筑物的建造使地基土中原有的应力状态发生变化，从而引起地基变形，出现基础沉降。地基应力一般包括由土自重引起的自重应力和由建筑物引起的附加应力，这两种应力的产生条件不相同，计算方法也有很大差别。

建筑物荷载的影响深度随建筑荷载的增加而增大。一般地，当地基中建筑荷载产生的附加应力等于相应深度处地基层的自重应力的 20% 时，即可以认为附加应力对该深度处地基产生的影响忽略不计，但当其下方有高压缩性土或别的不稳定性因素，如采空区垮落、断裂带时，则应计算附加应力直至地基自重应力 10% 位置处，方可认为附加应力对该深度处的地基不产生影响，该深度即为建筑物荷载影响深度（$H_{影}$）。

4.2.1 土中自重应力

土是由土粒、水和气组成的非连续介质。若把土体简化为连续体，而应用连续体力学（如弹性力学）来研究土中应力的分布时，应注意到土中任意截面上都包括骨架和孔隙的面积，所以在地基应力计算时只考虑土中某单位面积上的平均应力。

在计算土中自重应力时，假设天然地面是一个无限大的水平面，因而在任意竖直面和水平面上均无剪应力存在。如果地面下土质均匀，天然容重为 γ，则在天然地面下任意深度 $z(m)$ 处的竖向自重应力 σ_{cz}，可取作用于该水平面上任一单位面积的土柱体重量 $\gamma z \times l$ 计算（图 4-1），即

$$\sigma_{cz} = \gamma z \tag{4-1}$$

式中 σ_{cz}——天然地面下任意深度 z 处的竖向自重应力，N/m^2；

γ——土的天然容重，N/m^3；

z——土层任意深度，m。

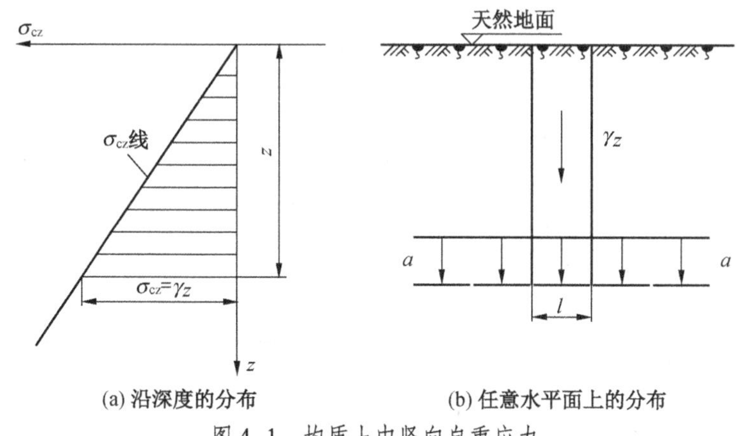

(a) 沿深度的分布　　(b) 任意水平面上的分布

图 4-1　均质土中竖向自重应力

σ_{cz} 沿水平面均匀分布且与 z 成正比，即随深度按直线规律分布（图 4-1a）。

必须指出，只有通过土粒接触点传递的粒间应力，才能使土粒彼此挤紧，从而引起土体的变形，而且粒间应力又是影响土的强度的一个重要因素，所以粒间应力又称为有效应力。按式（4-1）计算土中自重应力，是针对土层处于地下水位以上而言的，都是有效的自重应力。为了简便起见，把竖向有效自重应力 σ_{cz} 简称为自重应力，并改用符号 σ_c 表示。

地基土往往是成层的，因而各层土具有不同的容重。如地下水位位于同一土层中，计算自重应力时，地下水位面也应作为分层的界面。如图 4-2 所示，天然地面下深度 z 范围内各层土的厚度自上而下分别为 h_1、h_2、…、h_i、…、h_n，计算出高度为 z 的土柱体中各层土总重后，可得到成层土自重应力的计算公式：

$$\sigma_c = \sum_{i=1}^{n} r_i h_i \tag{4-2}$$

式中 σ_c——天然地面下任意深度 z 处的竖向有效自重应力，N/m^2；

n——深度 z 范围内的土层总数；

h_i——第 i 层土的厚度，m；

γ_i——第 i 层土的天然容重，对地下水位以下的土层取浮容重 γ_i'，N/m^3。

在地下水位以下，如埋藏有不透水层（如岩层或只含结合水的坚硬黏土层），由于不透水层中不存在水的浮力，所以层面及层面以下的自重应力应按上覆土层的水土总重计算，如图 4-2 中虚线所示。

此外，地下水位的升降会引起土中自重应力的变化。例如在软土地区，常因大量抽取地下水，导致地下水位长期大幅度下降，使地基中原水位以下的有效自重应力增加，造成地表大面积下沉的严重后果。

4.2.2 基底压力

建筑物荷载通过基础传递给地基，在基础底面与地基之间便产生了接触压力。它既是

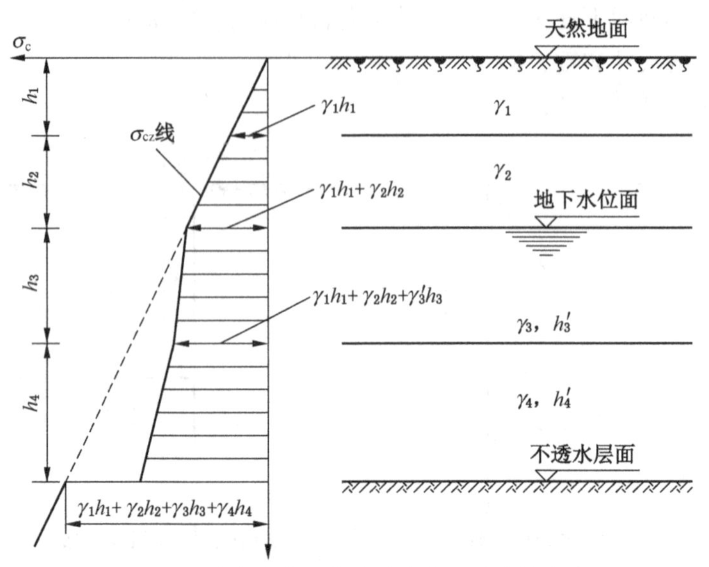

图 4-2　成层土中竖向自重应力沿深度的分布

基础作用于地基的基底压力，同时又是地基反作用于基础的基底反力。因此，在计算地基中的附加应力时，必须研究基底压力的分布规律。

1. 基底压力的简化计算

现场实测表明，基底压力往往呈抛物线形或马鞍形分布。基底压力分布是与基础的刚度、作用于基础上的荷载大小和分布、地基土的力学性质以及基础的埋深等许多因素有关。对于工业与民用建筑，当基底尺寸较小时，一般基底压力分布可近似地按直线分布的图形计算，即可按下述的材料力学公式进行简化计算。

1）中心荷载作用下的基底压力

中心荷载作用下的基础，其所受荷载的合力通过基底形心。基底压力假定为均匀分布（图 4-3），此时基底平均压力 p 按下式计算：

$$p=\frac{N+G}{F} \tag{4-3}$$

式中　p——基底平均压力，N/m^2；

N——作用在基础上的竖向荷载，N；

G——基础及其上回填土的总重，N；

F——基底面积，m^2。

对于荷载沿长度方向均匀分布的条形基础，则沿长度方向截取一单位长度的截条进行基底平均压力 p 的计算，此时式（4-3）中 F 等于基础的宽度 B，而 N 及 G 则为基础截条内的相应值。

2）偏心荷载作用下的基底压力

对于单向偏心荷载作用下的矩形基础如图 4-4 所示。设计时，通常基底长边方向取与偏心方向一致，此时两短边边缘最大压力 p_{max} 与最小压力 p_{min} 按材料力学短柱偏心受压公式计算：

$$p_{\max} = \frac{N + G}{AB} + \frac{M}{W} \tag{4-4}$$

$$p_{\min} = \frac{N + G}{AB} - \frac{M}{W} \tag{4-5}$$

式中 $p_{\max}$——最大压力，N/m^2；

$p_{\min}$——最小压力，N/m^2；

A——矩形基底的长度，m；

B——矩形基底的宽度，m；

M——作用于矩形基底的力矩，N·m；

W——基础底面的抵抗矩，$W=BA^2/6$，m^3。

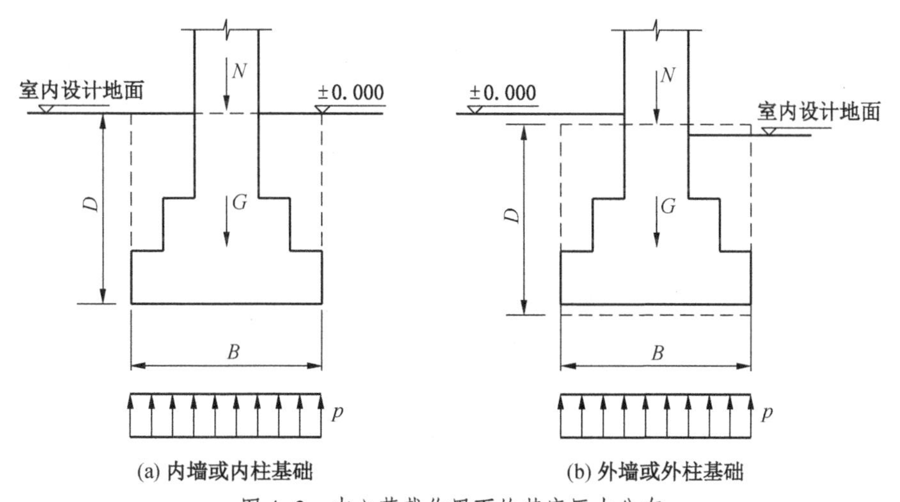

图 4-3 中心荷载作用下的基底压力分布

把偏心荷载（图 4-4 中虚线所示）的偏心距 $e = M/(N + G)$ 引入式（4-4）、式（4-5）得

$$p_{\max} = \frac{N + G}{AB}\left(1 + \frac{6e}{A}\right) \tag{4-6}$$

$$p_{\min} = \frac{N + G}{AB}\left(1 - \frac{6e}{A}\right) \tag{4-7}$$

由上式可见，当 $e<\frac{A}{6}$时，基底压力分布呈梯形（图 4-4a）；当 $e=\frac{A}{6}$时，则呈三角形（图 4-4b）；当 $e>\frac{A}{6}$时，距偏心荷载较远的基底边缘反力为负值（图 4-4c）；由于基底与地基之间不能承受拉力，此时基底与地基局部脱开，而使基底压力重新分布。因此，根据偏心荷载应与基底反力平衡的条件，荷载合力 $N+G$ 应通过三角形反力分布图的形心（图 4-4c 中实线所示分布图形），由此可得基底边缘的最大压力：

$$p_{\max} = \frac{2(N + G)}{3Bk} \tag{4-8}$$

式中　k——单向偏心荷载作用点至具有最大压力的基底边缘的距离，m。

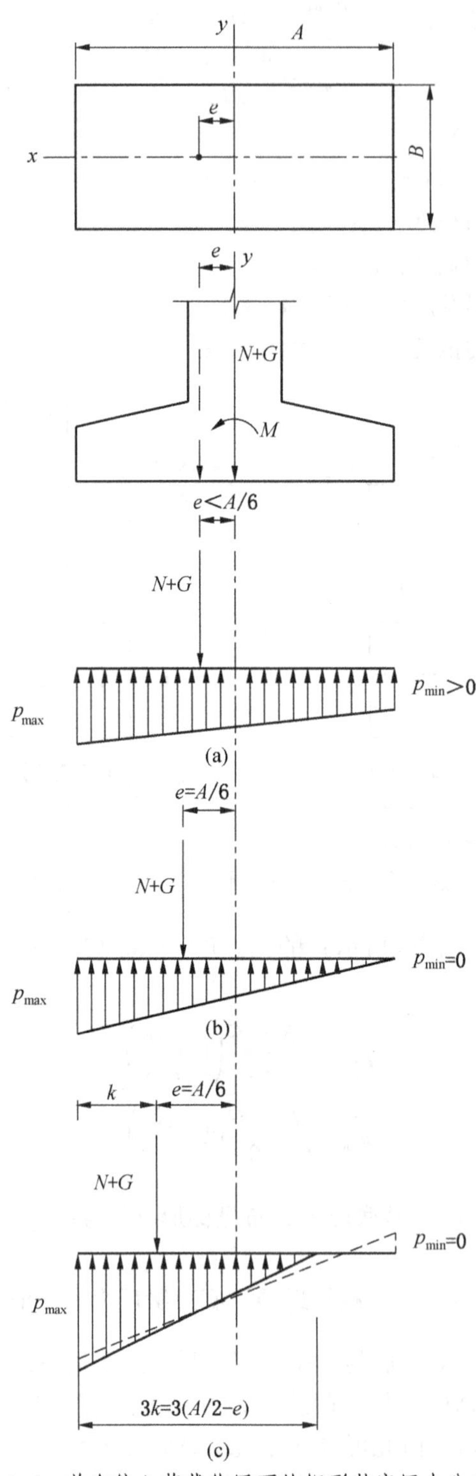

图 4-4　单向偏心荷载作用下的矩形基底压力分布图

2. 基底附加压力

建筑物建造前，土中早已存在着自重应力。如果基础砌置在天然地面上，那么全部基底压力就是新增加于地基表面的基底附加压力。一般天然土层在自重作用下的变形早已结束，因此只有基底附加压力才能引起地基的附加应力和变形。

实际上，一般浅基础总是埋置在天然地面下一定深度处，该处原有的自重应力由于开挖基坑而卸除。因此，由建筑物建造后的基底压力中扣除基底处原先存在于土中自重应力后，才是基底平面处新增加于地基的基底附加压力，即基底平均附加压力 p_o，其值按下式计算：

$$p_o = p - \gamma_p D \tag{4-9}$$

式中 p_o——基底平均附加压力，N/m^2；

p——基底平均压力，N/m^2；

γ_p——基础底面标高以上天然土层的加权平均容重，N/m^3，其中地下水位下的容重取浮容重；

D——基础埋深，一般从天然底面起算，m。

有了基底附加压力，即可把它作为作用在弹性半空间表面上的局部荷载，由此根据弹性力学求算地基中的附加应力。

4.2.3 地基附加应力

计算地基中的附加应力时，一般假定地基土是各向同性的、均质的线性变形体，而且在深度和水平方向上都是无限延伸的，即把地基看成是均质的线性变形半空间，这样就可以直接采用弹性力学中关于弹性半空间的理论解答。

计算地基附加应力时，都把基底压力看成是柔性荷载，而不考虑基础刚度的影响。

1. 竖向集中力下的地基附加应力

在弹性半空间表面上作用一个竖向集中力时，半空间内任意点处所引起的应力和位移的弹性力学解答是由法国 J. 布辛奈斯克（Boussinesq，1885）做出的，如图 4-5 所示。在半空间（相当于地基）中任一点 $M(x, y, z)$ 处的竖向正应力 σ_z 和竖向位移分量 W 的解答如下：

$$\sigma_z = \frac{3P}{2\pi R^2}\cos^3\theta \tag{4-10}$$

$$w = \frac{P(1+\mu)}{2\pi E}\left[\frac{z^2}{R^3} + 2(1-\mu)\frac{1}{R}\right] \tag{4-11}$$

式中 σ_z——平行于 z 坐标轴的正应力，N/m^2；

P——作用于坐标原点 o 的竖向集中力，N；

R——M 点至坐标原点 o 的距离，m；

w——M 点沿坐标轴 z 方向的位移，m；

θ——R 线与 z 坐标轴的夹角，(°)；

E——弹性模量；

μ——泊松比。

建筑物作用于地基上的荷载，是分布在一定面积上的局部荷载，因此理论上的集中力

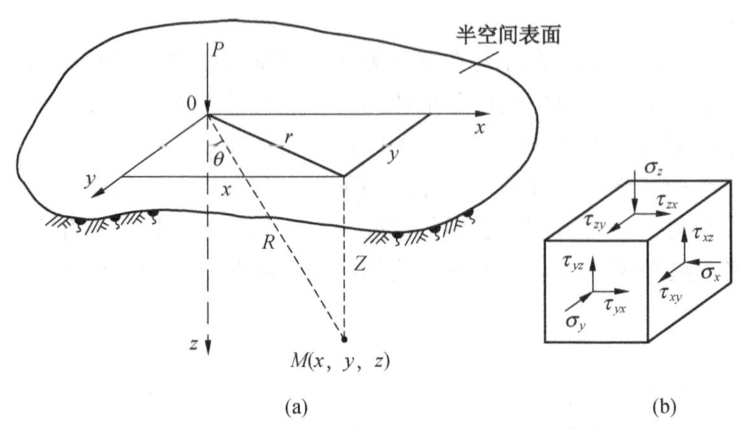

图 4-5　一个竖向集中力作用下所引起的应力

实际是没有的。但是，根据弹性力学的叠加原理利用布辛奈斯克解答，可以通过积分法求得各种局部荷载下地基中的附加应力。

2. 矩形荷载下的地基附加应力

设矩形荷载面的长度和宽度分别为 A 和 B，作用于地基上的竖向均布荷载为 P_o。先以积分法求矩形荷载面角点下的地基附加应力，然后用角点法容求得矩形荷载下任意点的地基附加应力。以矩形荷载面角点为坐标原点 o(图 4-6)，在荷载面内坐标为（x，y）处取一微面积 $dxdy$，并将其上的分布荷载以集中力 $P_o dxdy$ 代替，则在角点 o 下任意深度 z 的 M 点处由该集中力引起的竖向附加应力 $d\sigma_z$，按式（4-10）有：

$$d\sigma_z = \frac{3}{2\pi}\frac{p_o z^3}{(x^2+y^2+z^2)^{5/2}}dxdy \tag{4-12}$$

将它对整个矩形荷载面 F 进行积分：

$$\begin{aligned}\sigma_z &= \iint_F d\sigma_z = \frac{3p_o z^3}{2\pi}\int_0^A\int_0^B \frac{1}{(x^2+y^2+z^2)^{5/2}}dxdy \\ &= \frac{p_o}{2\pi}\left[\frac{AB_z(A^2+B^2+2z^2)}{(A^2+z^2)(B^2+z^2)\sqrt{A^2+B^2+z^2}} + \arctan\frac{AB}{z\sqrt{A^2+B^2+z^2}}\right]\end{aligned} \tag{4-13}$$

令
$$K_c = \frac{1}{2\pi}\left[\frac{AB_z(A^2+B^2+2z^2)}{(A^2+z^2)(B^2+z^2)\sqrt{A^2+B^2+z^2}} + \arctan\frac{AB}{z\sqrt{A^2+B^2+z^2}}\right]$$

得
$$\sigma_z = K_c p_0 \tag{4-14}$$

又令 $m=A/B$，$n=z/B$，其中 B 为荷载面的宽度，则

$$K_c = \frac{1}{2\pi}\left[\frac{mn(m^2+2n^2+1)}{(m^2+n^2)(1+n^2)\sqrt{m^2+n^2+1}} + \arctan\frac{m}{n\sqrt{m^2+n^2+1}}\right] \tag{4-15}$$

K_c 为均布矩形荷载角点下的竖向附加应力系数，可按 m 及 n 值由表 4-1 查得。

对于均布矩形荷载附加应力计算点不位于角点下的情况，可利用式（4-14）以角点法求得。图 4-7 中列出计算点不位于矩形荷载面角点下的四种情况（在图中 o 点以下任意深度 z 处）。计算时，通过 o 点把荷载面分成若干个矩形面积，这样，o 点就必然是划分出

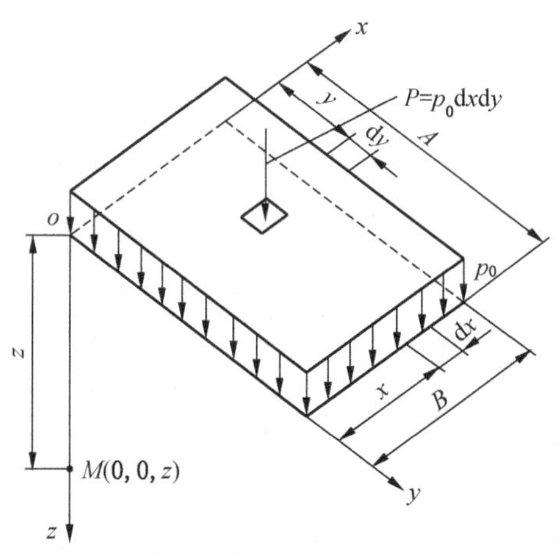

图 4-6 均布矩形荷载角点下的附加应力 σ_z

的各个矩形的公共角点，然后再按式（4-14）计算每个矩形角点下同一深度 z 处的附加应力 σ_z，并求其代数和。

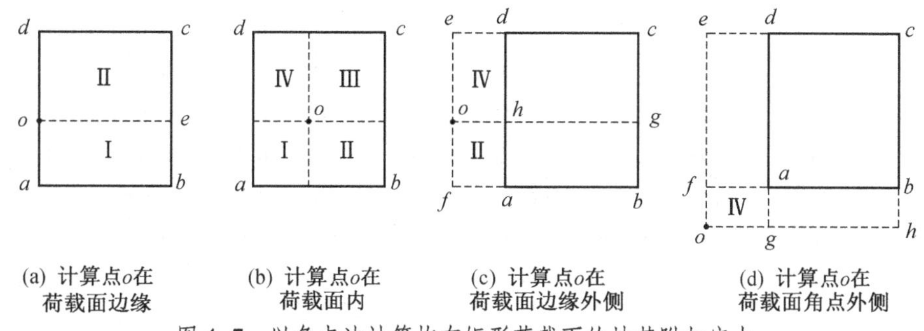

图 4-7 以角点法计算均布矩形荷载下的地基附加应力

（1）o 点在荷载面边缘：

$$\sigma_z = (K_{c\mathrm{I}} + K_{c\mathrm{II}})p_o \tag{4-16}$$

式中 $K_{c\mathrm{I}}$、$K_{c\mathrm{II}}$——相应于面积Ⅰ及Ⅱ角点下的竖向附加应力系数。查表 4-1 时必须注意所取用边长 A 应为任一矩形荷载面的长度，而 B 则为宽度，以下各种情况同此。

（2）o 点在荷载面内：

$$\sigma_z = (K_{c\mathrm{I}} + K_{c\mathrm{II}} + K_{c\mathrm{III}} + K_{c\mathrm{IV}})p_o \tag{4-17}$$

如果 o 点位于荷载面中心，则 $K_{c\mathrm{I}} = K_{c\mathrm{II}} = K_{c\mathrm{III}} = K_{c\mathrm{IV}}$，得 $\sigma_z = 4K_{c\mathrm{I}}P_o$。

（3）o 点在荷载面边缘外侧：

此时荷载面 $abcd$ 可看成是由Ⅰ($ofbg$) 与Ⅱ($ofah$) 之差和Ⅲ($oecg$) 与Ⅳ($oedh$) 之差合成的，所以

$$\sigma_z = (K_{c\mathrm{I}} - K_{c\mathrm{II}} + K_{c\mathrm{III}} - K_{c\mathrm{IV}})p_o \tag{4-18}$$

（4）o 点在荷载面角点外侧：

把荷载面看成由Ⅰ($ohce$)、Ⅳ($ogaf$) 两个面积中扣除Ⅱ($ohbf$) 和Ⅲ($ogde$) 而成的，

所以

$$\sigma_z = (K_{c\text{I}} - K_{c\text{II}} - K_{c\text{III}} + K_{c\text{IV}})p_o \tag{4-19}$$

表4-1　均布矩形荷载角点下的竖向附加应力系数 K_c

z/B	A/B										
	1.0	1.2	1.4	1.6	1.8	2.0	2.2	2.4	2.6	2.8	3.0
0	0.2500	0.2500	0.2500	0.2500	0.2500	0.2500	0.2500	0.2500	0.2500	0.2500	0.2500
0.2	0.2486	0.2489	0.2490	0.2491	0.2491	0.2491	0.2491	0.2491	0.2492	0.2492	0.2492
0.4	0.2401	0.2420	0.2429	0.2434	0.2437	0.2439	0.2440	0.2441	0.2442	0.2442	0.2442
0.6	0.2229	0.2275	0.2300	0.2315	0.2324	0.2329	0.2333	0.2335	0.2337	0.2338	0.2339
0.8	0.1999	0.2075	0.2120	0.2147	0.2165	0.2176	0.2183	0.2188	0.2192	0.2194	0.2196
1.0	0.1752	0.1851	0.1911	0.1955	0.1981	0.1999	0.2012	0.2020	0.2026	0.2031	0.2034
1.2	0.1516	0.1626	0.1705	0.1758	0.1793	0.1818	0.1836	0.1849	0.1858	0.1865	0.1870
1.4	0.1308	0.1423	0.1508	0.1569	0.1613	0.1644	0.1667	0.1685	0.1696	0.1705	0.1712
1.6	0.1123	0.1241	0.1329	0.1396	0.1445	0.1482	0.1509	0.1530	0.1545	0.1557	0.1567
1.8	0.0969	0.1083	0.1172	0.1241	0.1294	0.1334	0.1365	0.1389	0.1408	0.1423	0.1434
2.0	0.0840	0.0947	0.1034	0.1103	0.1158	0.1202	0.1236	0.1263	0.1284	0.1300	0.1314
2.2	0.0732	0.0832	0.0917	0.0984	0.1039	0.1084	0.1120	0.1149	0.1172	0.1191	0.1205
2.4	0.0642	0.0734	0.0813	0.0879	0.0934	0.0979	0.1016	0.1047	0.1071	0.1092	0.1108
2.6	0.0566	0.0651	0.0725	0.0788	0.0842	0.0887	0.0924	0.0955	0.0981	0.1003	0.1020
2.8	0.0502	0.0580	0.0649	0.0709	0.0761	0.0805	0.0842	0.0875	0.0900	0.0923	0.0942
3.0	0.0447	0.0519	0.0583	0.0640	0.0690	0.0732	0.0769	0.0801	0.0828	0.0851	0.0870
3.2	0.0401	0.0467	0.0526	0.0580	0.0627	0.0668	0.0704	0.0735	0.0762	0.0786	0.0806
3.4	0.0361	0.0421	0.0477	0.0527	0.0571	0.0611	0.0646	0.0677	0.0704	0.0727	0.0747
3.6	0.0326	0.0382	0.0433	0.0480	0.0523	0.0561	0.0594	0.0624	0.0651	0.0674	0.0694
3.8	0.0296	0.0348	0.0395	0.0439	0.0479	0.0516	0.0548	0.0577	0.0603	0.0626	0.0646
4.0	0.0270	0.0318	0.0362	0.0403	0.0441	0.0474	0.0507	0.0535	0.0560	0.0588	0.0603
4.2	0.0247	0.0291	0.0333	0.0371	0.0407	0.0439	0.0469	0.0496	0.0521	0.0543	0.0563
4.4	0.0227	0.0268	0.0306	0.0343	0.0376	0.0407	0.0436	0.0462	0.0485	0.0507	0.0527
4.6	0.0209	0.0247	0.0283	0.0317	0.0348	0.0378	0.0405	0.0430	0.0453	0.0474	0.0493
4.8	0.0193	0.0229	0.0262	0.0294	0.0324	0.0352	0.0378	0.0402	0.0424	0.0444	0.0463
5.0	0.0179	0.0212	0.0243	0.0274	0.0302	0.0328	0.0358	0.0376	0.0397	0.0417	0.0435
6.0	0.0127	0.0151	0.0174	0.0196	0.0218	0.0238	0.0257	0.0276	0.0293	0.0310	0.0325
7.0	0.0094	0.0112	0.0130	0.0147	0.0164	0.0180	0.0195	0.0210	0.0224	0.0238	0.0251
8.0	0.0073	0.0087	0.0101	0.0114	0.0127	0.0140	0.0153	0.0165	0.0176	0.0187	0.0198
9.0	0.0058	0.0069	0.0080	0.0091	0.0102	0.0112	0.0122	0.0132	0.0142	0.0152	0.0161
10.0	0.0047	0.0056	0.0065	0.0074	0.0083	0.0092	0.0100	0.0108	0.0116	0.0124	0.0132
12.0	0.0037	0.0044	0.0051	0.0058	0.0065	0.0072	0.0078	0.0085	0.0091	0.0098	0.0104
14.0	0.0026	0.0031	0.0036	0.0042	0.0047	0.0052	0.0057	0.0061	0.0066	0.0070	0.0075

表4-1(续)

z/B	A/B										
	1.0	1.2	1.4	1.6	1.8	2.0	2.2	2.4	2.6	2.8	3.0
15.0	0.0021	0.0025	0.0029	0.0034	0.0038	0.0042	0.0046	0.0050	0.0053	0.0057	0.0061
16.0	0.0019	0.0023	0.0027	0.0031	0.0035	0.0038	0.0042	0.0045	0.0049	0.0052	0.0056
18.0	0.0016	0.0018	0.0022	0.0025	0.0028	0.0031	0.0034	0.0037	0.0039	0.0042	0.0045
20.0	0.0012	0.0014	0.0017	0.0019	0.0021	0.0024	0.0026	0.0028	0.0031	0.0033	0.0035

z/B	A/B										
	3.2	3.4	3.6	3.8	4.0	4.2	4.4	4.6	4.8	5.0	5.2
0	0.2500	0.2500	0.2500	0.2500	0.2500	0.2500	0.2500	0.2500	0.2500	0.2500	0.2500
0.2	0.2492	0.2492	0.2492	0.2492	0.2492	0.2492	0.2492	0.2492	0.2492	0.2492	0.2492
0.4	0.2443	0.2443	0.2443	0.2443	0.2443	0.2443	0.2443	0.2443	0.2443	0.2443	0.2443
0.6	0.2340	0.2340	0.2341	0.2341	0.2341	0.2341	0.2341	0.2342	0.2342	0.2342	0.2342
0.8	0.2198	0.2199	0.2199	0.2200	0.2200	0.2200	0.2201	0.2201	0.2202	0.2202	0.2202
1.0	0.2037	0.2039	0.2040	0.2041	0.2042	0.2042	0.2043	0.2043	0.2044	0.2044	0.2044
1.2	0.1873	0.1876	0.1878	0.1880	0.1882	0.1883	0.1883	0.1884	0.1884	0.1885	0.1885
1.4	0.1718	0.1722	0.1725	0.1728	0.1730	0.1731	0.1732	0.1733	0.1734	0.1735	0.1736
1.6	0.1574	0.1580	0.1584	0.1587	0.1590	0.1592	0.1593	0.1595	0.1596	0.1598	0.1599
1.8	0.1443	0.1450	0.1455	0.1460	0.1463	0.1465	0.1467	0.1470	0.1472	0.1474	0.1475
2.0	0.1324	0.1332	0.1339	0.1345	0.1350	0.1353	0.1355	0.1358	0.1360	0.1363	0.1364
2.2	0.1218	0.1227	0.1235	0.1242	0.1248	0.1251	0.1254	0.1258	0.1261	0.1264	0.1265
2.4	0.1122	0.1133	0.1142	0.1150	0.1156	0.1160	0.1164	0.1167	0.1171	0.1175	0.1177
2.6	0.1035	0.1047	0.1058	0.1066	0.1073	0.1077	0.1082	0.1086	0.1091	0.1095	0.1097
2.8	0.0957	0.0970	0.0982	0.0991	0.0999	0.1004	0.1009	0.1014	0.1019	0.1024	0.1026
3.0	0.0887	0.0901	0.0913	0.0923	0.0931	0.0937	0.0942	0.0948	0.0953	0.0959	0.0962
3.2	0.0823	0.0838	0.0850	0.0861	0.0870	0.0876	0.0882	0.0888	0.0894	0.0900	0.0903
3.4	0.0765	0.0780	0.0793	0.0804	0.0814	0.0821	0.0827	0.0834	0.0840	0.0847	0.0850
3.6	0.0712	0.0728	0.0741	0.0753	0.0763	0.0770	0.0777	0.0785	0.0792	0.0799	0.0802
3.8	0.0664	0.0680	0.0694	0.0706	0.0717	0.0724	0.0731	0.0739	0.0746	0.0753	0.0757
4.0	0.0620	0.0636	0.0650	0.0663	0.0674	0.0682	0.0689	0.0697	0.0704	0.0712	0.0716
4.2	0.0581	0.0596	0.0610	0.0623	0.0634	0.0642	0.0650	0.0658	0.0666	0.0674	0.0678
4.4	0.0544	0.0560	0.0574	0.0586	0.0597	0.0605	0.0614	0.0622	0.0631	0.0639	0.0644
4.6	0.0510	0.0526	0.0540	0.0553	0.0564	0.0572	0.0581	0.0589	0.0598	0.0606	0.0611
4.8	0.0480	0.0495	0.0509	0.0522	0.0533	0.0542	0.0550	0.0559	0.0567	0.0576	0.0581
5.0	0.0451	0.0466	0.0480	0.0493	0.0504	0.0513	0.0521	0.0530	0.0538	0.0547	0.0552
6.0	0.0340	0.0353	0.0366	0.0377	0.0388	0.0397	0.0405	0.0414	0.0422	0.0431	0.0437
7.0	0.0263	0.0275	0.0286	0.0296	0.0306	0.0314	0.0322	0.0330	0.0338	0.0346	0.0352

表4-1(续)

z/B	A/B										
	3.2	3.4	3.6	3.8	4.0	4.2	4.4	4.6	4.8	5.0	5.2
8.0	0.0209	0.0219	0.0228	0.0237	0.0246	0.0253	0.0261	0.0268	0.0276	0.0283	0.0289
9.0	0.0169	0.0178	0.0186	0.0194	0.0202	0.0209	0.0215	0.0222	0.0228	0.0235	0.0240
10.0	0.0140	0.0147	0.0154	0.0162	0.0167	0.0173	0.0179	0.0186	0.0192	0.0198	0.0203
12.0	0.0110	0.0115	0.0121	0.0126	0.0132	0.0137	0.0141	0.0146	0.0150	0.0155	0.0160
14.0	0.0079	0.0084	0.0088	0.0093	0.0097	0.0101	0.0104	0.0108	0.0112	0.0116	0.0119
15.0	0.0065	0.0069	0.0072	0.0076	0.0080	0.0083	0.0086	0.0090	0.0093	0.0096	0.0099
16.0	0.0060	0.0063	0.0067	0.0070	0.0073	0.0076	0.0079	0.0082	0.0085	0.0088	0.0091
18.0	0.0048	0.0051	0.0054	0.0057	0.0060	0.0063	0.0065	0.0068	0.0070	0.0073	0.0075
20.0	0.0037	0.0039	0.0042	0.0044	0.0046	0.0048	0.0050	0.0052	0.0054	0.0057	0.0059

z/B	A/B											
	5.4	5.6	5.8	6.0	6.5	7.0	7.5	8.0	8.5	9.0	10.0	>10.0
0	0.2500	0.2500	0.2500	0.2500	0.2500	0.2500	0.2500	0.2500	0.2500	0.2500	0.2500	0.2500
0.2	0.2492	0.2492	0.2492	0.2492	0.2492	0.2492	0.2492	0.2492	0.2492	0.2492	0.2492	0.2492
0.4	0.2443	0.2443	0.2443	0.2443	0.2443	0.2443	0.2443	0.2443	0.2443	0.2443	0.2443	0.2443
0.6	0.2342	0.2342	0.2342	0.2342	0.2342	0.2342	0.2342	0.2342	0.2342	0.2342	0.2342	0.2342
0.8	0.2202	0.2202	0.2202	0.2202	0.2202	0.2202	0.2202	0.2202	0.2202	0.2202	0.2202	0.2203
1.0	0.2044	0.2045	0.2045	0.2045	0.2045	0.2045	0.2046	0.2046	0.2046	0.2046	0.2046	0.2046
1.2	0.1886	0.1886	0.1887	0.1887	0.1888	0.1888	0.1888	0.1888	0.1888	0.1888	0.1888	0.1889
1.4	0.1736	0.1737	0.1737	0.1738	0.1739	0.1739	0.1739	0.1739	0.1739	0.1739	0.1740	0.1740
1.6	0.1599	0.1600	0.1600	0.1601	0.1602	0.1602	0.1603	0.1603	0.1604	0.1604	0.1604	0.1605
1.8	0.1476	0.1476	0.1477	0.1478	0.1479	0.1480	0.1481	0.1481	0.1482	0.1482	0.1482	0.1483
2.0	0.1365	0.1366	0.1367	0.1368	0.1370	0.1371	0.1372	0.1372	0.1373	0.1373	0.1374	0.1375
2.2	0.1267	0.1268	0.1270	0.1271	0.1273	0.1274	0.1275	0.1276	0.1277	0.1277	0.1277	0.1279
2.4	0.1179	0.1180	0.1182	0.1184	0.1186	0.1188	0.1189	0.1190	0.1191	0.1191	0.1192	0.1194
2.6	0.1099	0.1102	0.1104	0.1106	0.1109	0.1111	0.1112	0.1113	0.1114	0.1115	0.1116	0.1118
2.8	0.1029	0.1031	0.1034	0.1036	0.1039	0.1041	0.1043	0.1045	0.1046	0.1047	0.1048	0.1050
3.0	0.0965	0.0967	0.0970	0.0973	0.0977	0.0980	0.0982	0.0983	0.0985	0.0986	0.0987	0.0990
3.2	0.0906	0.0910	0.0913	0.0916	0.0920	0.0923	0.0926	0.0928	0.0929	0.0930	0.0933	0.0935
3.4	0.0854	0.0857	0.0861	0.0864	0.0869	0.0873	0.0875	0.0877	0.0879	0.0880	0.0882	0.0886
3.6	0.0806	0.0809	0.0813	0.0816	0.0821	0.0826	0.0829	0.0832	0.0834	0.0835	0.0837	0.0842
3.8	0.0761	0.0765	0.0769	0.0773	0.0779	0.0784	0.0787	0.0790	0.0792	0.0794	0.0796	0.0802
4.0	0.0720	0.0725	0.0729	0.0733	0.0739	0.0745	0.0749	0.0752	0.0754	0.0756	0.0758	0.0765
4.2	0.0683	0.0687	0.0692	0.0696	0.0703	0.0709	0.0713	0.0716	0.0719	0.0721	0.0724	0.0731
4.4	0.0648	0.0653	0.0657	0.0662	0.0669	0.0676	0.0680	0.0684	0.0687	0.0689	0.0692	0.0700

表 4-1（续）

z/B	A/B											
	5.4	5.6	5.8	6.0	6.5	7.0	7.5	8.0	8.5	9.0	10.0	>10.0
4.6	0.0616	0.0620	0.0625	0.0630	0.0637	0.0644	0.0649	0.0654	0.0657	0.0659	0.0663	0.0671
4.8	0.0586	0.0591	0.0596	0.0601	0.0609	0.0616	0.0621	0.0626	0.0629	0.0631	0.0635	0.0645
5.0	0.0557	0.0563	0.0568	0.0573	0.0581	0.0589	0.0594	0.0599	0.0603	0.0606	0.0610	0.0620
6.0	0.0443	0.0448	0.0454	0.0460	0.0470	0.0479	0.0485	0.0491	0.0496	0.0500	0.0506	0.0521
7.0	0.0358	0.0364	0.0370	0.0376	0.0386	0.0396	0.0404	0.0411	0.0416	0.0421	0.0428	0.0449
8.0	0.0294	0.0300	0.0305	0.0311	0.0322	0.0332	0.0340	0.0348	0.0354	0.0359	0.0367	0.0394
9.0	0.0246	0.0251	0.0257	0.0262	0.0272	0.0282	0.0290	0.0298	0.0304	0.0310	0.0319	0.0351
10.0	0.0208	0.0212	0.0217	0.0222	0.0232	0.0242	0.0250	0.0258	0.0264	0.0270	0.0280	0.0316
12.0	0.0164	0.0169	0.0173	0.0178	0.0186	0.0194	0.0202	0.0210	0.0215	0.0221	0.0231	0.0266
14.0	0.0123	0.0127	0.0130	0.0134	0.0141	0.0148	0.0155	0.0162	0.0167	0.0172	0.0182	0.0218
15.0	0.0102	0.0106	0.0109	0.0112	0.0119	0.0125	0.0132	0.0138	0.0143	0.0148	0.0158	0.0198
16.0	0.0094	0.0097	0.0100	0.0103	0.0109	0.0115	0.0121	0.0127	0.0132	0.0137	0.0146	0.0180
18.0	0.0078	0.0080	0.0083	0.0085	0.0090	0.0096	0.0101	0.0106	0.0110	0.0115	0.0123	0.0174
20.0	0.0061	0.0063	0.0065	0.0067	0.0071	0.0076	0.0080	0.0084	0.0088	0.0092	0.0099	0.0159

3. 圆形荷载下的地基附加应力

设圆形荷载面积的半径为 r_o，作用于地基表面上的竖向均布荷载为 p_o，如以圆形荷载面的中心点为坐标原点 o（图 4-8），并在荷载面积上取微面积 $dA=rd\theta dr$，以集中力 $p_o dA$ 代替微面积上的分布荷载，则可运用式（4-10）以积分法求得均布圆形荷载中点下任意深度 z 处 M 点的 σ_z。

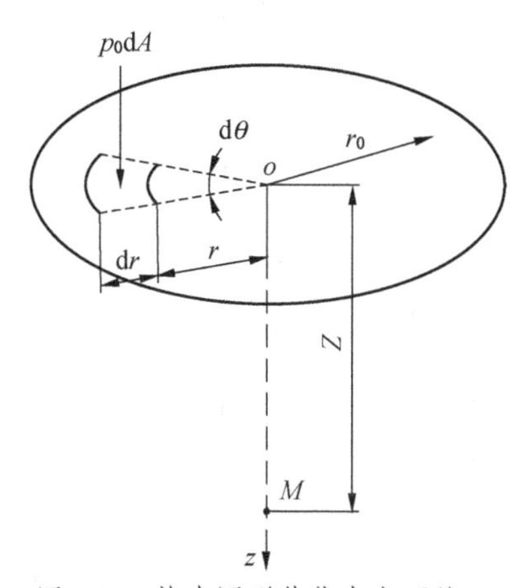

图 4-8　均布圆形荷载中点下的 σ_z

$$\sigma_z=\iint_F d\sigma_z=\frac{3p_o z^3}{2\pi}\int_0^{2\pi}\int_0^{r_o}\frac{rd\theta dr}{(r^2+z^2)^{5/2}}=p_o\left[1-\frac{z^3}{(r_o^2+z^2)^{3/2}}\right]=p_o\left[1-\frac{1}{\left(\frac{r_o^2}{z^2}+1\right)^{3/2}}\right]=K_o p_o \tag{4-20}$$

式中 K_o——均布圆形荷载中心点下的附加应力系数，它是（r_o/z）的函数，可从表4-2中查得。

表4-2 均布圆形荷载中心点下的附加应力系数 K_c

r_o/z	K_o	r_o/z	K_o	r_o/z	K_o
0.0	0.000	0.6	0.370	1.2	0.738
0.1	0.015	0.7	0.450	1.3	0.773
0.2	0.057	0.8	0.524	1.4	0.804
0.3	0.121	0.9	0.589	1.5	0.829
0.4	0.200	1.0	0.647	2.0	0.911
0.5	0.285	1.1	0.696	3.0	0.968

4.3 地表倾斜变形与建筑物高度控制

移动盆地内非均匀下沉引起的地表倾斜会使其范围内的建（构）筑物歪斜，特别是对底面积较小而高度很大的建（构）筑物如高层楼房、水塔、烟囱、高压线铁塔、风机等影响较严重。因此，地表倾斜变形值是控制建（构）筑物高度的重要考量因素。

4.3.1 地表与建（构）筑物倾斜变形关系

实践经验表明，在采动影响下，建筑物基础倾斜基本与地表倾斜相一致。也就是说，地表的倾斜变形值基本传递到建筑物上，因此对建（构）筑物尤其是高层建（构）筑物影响非常大。

式（4-21）为鹤壁二矿砖木结构建筑物的地表倾斜变形值与建筑物倾斜变形值的关系式，图4-9所示为鹤壁二矿砖木结构建筑物地表与建筑物倾斜变形值关系图。不难看出，建筑物的倾斜基本上和地表的倾斜相一致。

$$i_{基}=1.01i_{地} \tag{4-21}$$

式中 $i_{基}$——建筑物基础倾斜，mm/m；

$i_{地}$——地表倾斜，mm/m。

表4-3列出了潞安矿区五阳煤矿抗变形实验房、砖混结构房屋及农村普通民房的地表倾斜变形值与建筑物变形值的关系式。不难看出，无论是普通民房、砖混结构房屋，还是抗变形房屋，建筑物的倾斜基本上和地表的倾斜相一致，抗变形技术措施不能减小建筑物的倾斜变形。

表4-3 五阳煤矿地表与建筑物倾斜变形关系

建筑物	倾斜变形关系式	相关系数	数据组数
抗变形实验房	$i_g=0.953i_d+1.16$	0.954	72
砖混结构房屋	$i_g=0.916i_d-0.72$	0.997	9
农村普通民房	$i_g=0.826i_d+0.85$	0.934	8

注：g表示建筑物，d表示地表。

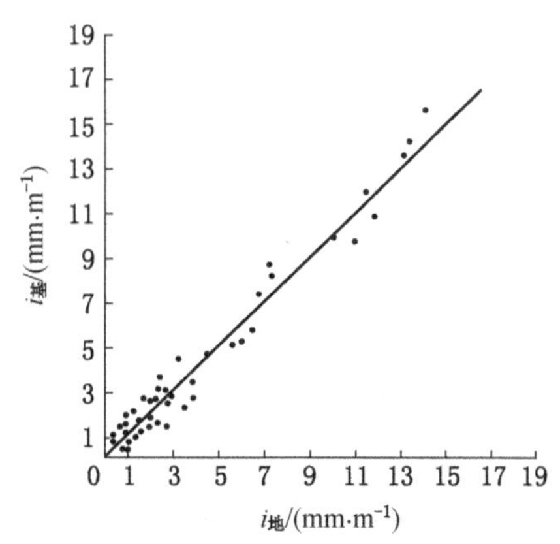

图 4-9 鹤壁二矿砖木结构建筑物地表与建筑物倾斜变形关系

4.3.2 地表倾斜变形与建筑物高度控制

对于地表曲率变形、地表水平变形的影响，可以对建（构）筑物采取抗变形结构技术措施加以解决。但对于地表倾斜变形，绝大部分地表倾斜值将传递到建筑物上，如果倾斜变形值较大，将影响建筑物的美观，对于高层建筑物，将影响其稳定性。

在建筑地基基础设计规范中，对建筑物的地基变形允许值有明确的规定，具体见表4-4。对表中未包括的建筑物，其地基变形允许值应根据上部结构对地基变形的适应能力和使用上的要求确定。

表 4-4 建筑物的地基变形允许值

变形特征		地基土类别	
		中、低压缩性土	高压缩性土
砌体承重结构基础的局部倾斜		0.002	0.003
工业与民用建筑相邻柱基的沉降差	框架结构	$0.002l$	$0.003l$
	砌体墙填充的边排柱	$0.0007l$	$0.001l$
	当基础不均匀沉降时不产生附加应力的结构 $0.005l$	$0.005l$	
单层排架结构（柱距为 6 m）柱基的沉降量		(120 mm)	200 mm
桥式吊车轨面的倾斜（按不调整轨道考虑）	纵向	0.004	
	横向	0.003	
多层和高层建筑的整体倾斜	$H_g \leqslant 24$	0.004	
	$24 < H_g \leqslant 60$	0.03	
	$60 < H_g \leqslant 100$	0.0025	
	$H_g > 100$	0.002	
体型简单的高层建筑基础的平均沉降量		200 mm	

表 4-4（续）

变形特征		地基土类别	
		中、低压缩性土	高压缩性土
高耸结构基础的倾斜	$H_g \leqslant 20$	0.008	
	$20 < H_g \leqslant 50$	0.006	
	$50 < H_g \leqslant 100$	0.005	
	$100 < H_g \leqslant 150$	0.004	
	$150 < H_g \leqslant 200$	0.003	
	$200 < H_g \leqslant 250$	0.002	

注：1. 括号内数字仅适用于中压缩性土；

2. l 为相邻柱基的中心距离（mm），H_g 为自室外地面起算的建筑物高度（m）。

在表 4-4 中，关于多层和高层建筑的整体倾斜允许值以及高耸结构基础的倾斜允许值，同样适用于在采煤塌陷区新建建（构）筑物的技术要求。但是，在采煤塌陷区新建的建（构）筑物，大多采用抗变形结构技术措施，其抵抗整体倾斜的能力得到加强，尤其是对多层抗变形建筑物和低层抗变形建筑物，可以适当放宽建筑物对整体倾斜允许值的要求。

根据多年抗变形建筑技术的实践经验，结合表 4-4 的技术要求，对于多层和高层抗变形建筑的地表倾斜变形允许值以及抗变形高耸结构的地表倾斜变形允许值，可以按表 4-5 的规定执行。

表 4-5 抗变形建（构）筑物的地表倾斜变形允许值 m

新建抗变形建（构）筑物		地表允许倾斜变形
多层和高层建筑的整体倾斜	$H_g \leqslant 12$	0.006
	$12 < H_g \leqslant 24$	0.006
	$24 < H_g \leqslant 60$	0.004
	$60 < H_g \leqslant 100$	0.003
高耸结构基础的倾斜	$H_g \leqslant 20$	0.010
	$20 < H_g \leqslant 50$	0.008
	$50 < H_g \leqslant 100$	0.006
	$100 < H_g \leqslant 150$	0.004

4.4 采空区地基稳定性评价

4.4.1 采空区地基稳定性的评价原则

在采空区上方进行地面建筑时，要对工程项目进行采空区地基稳定性评价，对新建建筑物采取抗变形技术措施，如煤层开采深度较小、采空区残留煤柱较多、采煤方法不正规、地质采矿条件复杂时，还需要进行采空区注浆处理。

采煤塌陷区拟建设场地地基稳定性评价分为稳定、基本稳定、不稳定三种程度。对于稳定的建设场地，可以采取简易抗变形结构措施；对于基本稳定的建设场地，可以选用抗变形结构措施、采空区治理措施或者两者的结合；对于不稳定的建设场地，应当避免进行建设，或者采用采空区处理措施，保障建设场地稳定性。

地基稳定性评价可从地表残余沉陷变形、覆岩“两带”高度和地面建筑物荷载影响深度及沉陷区开采方法两方面进行分析。同时，还应考虑地质构造的稳定性，邻近开采、未来开采的影响；对于部分开采的采空区，还应当分析煤柱的长期稳定性、覆岩的突陷可能性及地面荷载对其稳定性的影响；对于山区地形，应当进行采动坡体的稳定性分析；还要考虑地表裂缝、塌陷坑、煤柱风化等其他因素对建设场地稳定性的影响。

4.4.2 采空区地基稳定性评价方法

1. 地表残余变形计算

地表残余变形是指在地表移动稳定后（连续 6 个月累计下沉不超过 30 mm），可能产生的移动变形。导致残余变形的因素是多方面的，如残留煤柱失稳、周围开采活化影响、地面建筑荷载影响、地震影响、疏排水影响等。准确地进行地表沉陷变形预计，正确分析地表沉陷变形影响，是科学、合理地进行采空区地基稳定性评价和抗变形建筑设计的基础。另外，特定的地质采矿条件和地质构造对地表岩移规律也有明显的影响，如断层露头活化、山区地形滑坡、急倾斜煤层和浅部开采地表抽冒、残余煤柱失稳等影响，在地表残余变形预计和采动影响分析时必须充分考虑。

有关地表残余沉陷变形的计算见第 3 章第 5 节。

2. 采空区地基稳定性评价

1）垮落裂缝带发育高度计算

垮落裂缝带的发育高度主要与开采煤层的厚度、倾角、开采尺寸、覆岩岩性、采煤方法、顶板管理方法等有关。有关垮落裂缝带发育高度的计算，在第 2 章已做详细的叙述。

对部分开采（落跺式开采、房柱式开采、条带开采等）和浅部开采的情况，要具体分析地质采矿条件，采用等效采厚等方法合理计算垮落裂缝带的发育高度。

2）建筑物荷载影响深度计算

建（构）筑物荷载的影响深度主要取决于建（构）筑物的荷载大小、结构形式、平面形状、建筑高度和地基土性质，具体计算见本章第 2 节。

3）采空区地基稳定性评价

煤层开采后，地表移动期可分为初始期、活跃期和衰退期，当地表半年内累计下沉量小于 30 mm，此时可认为地表移动期基本结束。但若在此采空区上方的地表新建建（构）筑物，由于新建建（构）筑物的荷载向地下有一定影响深度，当这个深度与地下采空区的垮落带、裂缝带交叠时，就会破坏垮落裂缝带已经平衡的状态，而使覆岩与地表再次发生较大的移动变形，进而影响建筑物的安全。

垮落裂缝带发育高度与建筑物荷载影响深度之间存在如下三种情况（图 4-10）：

（1）建筑物荷载影响深度与垮落裂缝带顶界面之间有一定的距离（图 4-10a），这种情况不会影响垮落裂缝带的稳定性。

（2）建筑物荷载影响深度与垮落裂缝带顶界面正好接触（图 4-10b），这种情况建筑物荷载为临界荷载。

(3) 建筑物荷载影响深度进入垮落裂缝带内 (图 4-10c), 这种情况建筑物荷载会影响垮落裂缝带的稳定性, 建筑物会受到较大不均匀沉降的影响。

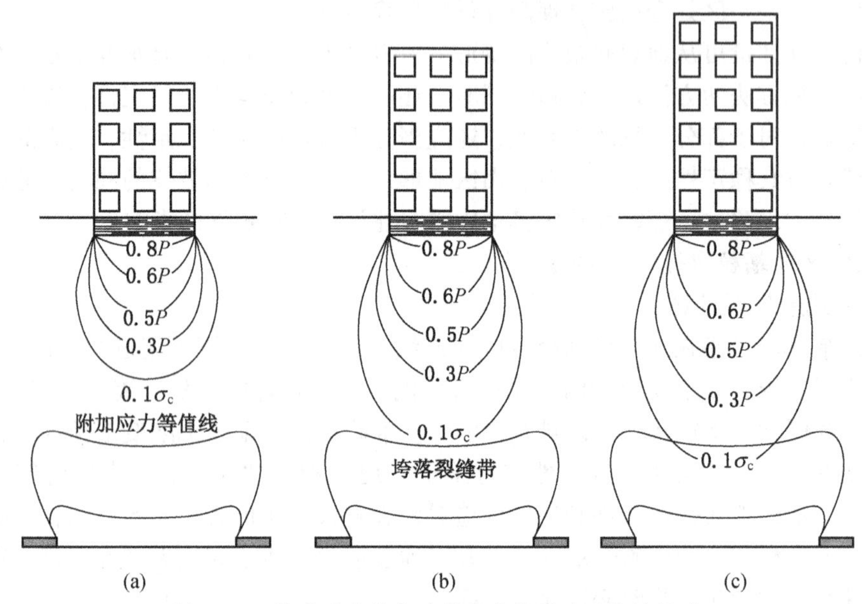

图 4-10　垮落裂缝带与建筑物荷载影响深度的关系

因此, 为了确保新建建 (构) 筑物的安全, 在采空区上方进行地面建筑时, 其最小开采深度 ($H_{临}$) 必须大于垮落裂缝带高度 ($H_{裂}$) 与建筑荷载影响深度 ($H_{影}$) 之和, 见式 (4-22) 和图 4-10, 同时满足表 4-5 中对地表倾斜变形的要求。在采空区上方进行建设时, 根据地表的残余变形值, 对建 (构) 筑物及设备基础必须进行抗变形结构设计。

$$H_{临} > H_{裂} + H_{影} \tag{4-22}$$

如果不满足上述要求, 应降低建 (构) 筑物的层数 (高度), 或作为绿化、车场等非建设用地。必须利用时, 可对采空区进行注浆处理后再进行建设。

另外, 在进行采空区地基稳定性评价时, 还应综合考虑以下因素:

(1) 地表残余变形值。在进行采空区地基稳定性评价时, 要充分考虑地表的残余沉陷变形值, 具体评价标准见表 4-6。

表 4-6　按地表残余变形值确定场地地基稳定性等级

状态	倾斜变形值 i/(mm·m^{-1})	曲率变形值 k/(10^{-3}·m^{-1})	水平变形值 ε/(mm·m^{-1})
稳定	$i \leq 3.0$	$k \leq 0.2$	$\varepsilon \leq 2.0$
基本稳定	$3.0 < i \leq 6.0$	$0.2 < k \leq 0.4$	$2.0 < \varepsilon \leq 4.0$
不稳定	$i > 6.0$	$k > 0.4$	$\varepsilon > 4.0$

(2) 残留煤柱的稳定性。对于穿巷、条带、房柱式开采及单一巷道等类型的采空区, 在进行场地地基稳定性评价时, 还要充分考虑残留煤柱的稳定性, 具体见表 4-7。

表 4-7 按煤（岩）柱安全稳定性系数确定场地地基稳定性等级

状态	不稳定	基本稳定	稳定
煤（岩）柱安全稳定性系数 K_P	$K_P \leqslant 1.2$	$1.2 < K_P \leqslant 2.0$	$K_P > 2.0$

（3）特殊地质条件影响。对下列地段，一般划分为不稳定区域，不做建设用地用或经过特殊处理后再利用：①采空区垮落时，地表出现塌陷坑、严重台阶状裂缝等非连续变形的地段；②特厚煤层和倾角大于55°的厚煤层浅埋及露头地段；③由于地表移动和变形引起边坡失稳、山崖崩塌及坡脚隆起地段；④浅部非充分采动顶板垮落不充分，且存在大量抽取地下水的地段；⑤有可能产生活化的断层带露头位置。

4.5 地表及建筑物变形监测

对开采沉陷区的建设场地，应当在建设中和建设后进行场地的变形监测。监测内容包括地表及重要建筑物的垂直位移、水平变形以及地表的裂缝破坏情况。

变形监测点应根据煤层开采深度、开采方法、地层条件、采空区特征和工程建设情况进行布设，测点间距一般为20~30 m，最大不超过50 m，控制点应布置在不受采空区影响的稳定区域内。

观测方法和观测精度要严格执行《工程测量规范》《煤矿测量规程》等相关规范、规程，对于水准测量一般要求不低于四等水准精度，对重要建筑物或重要建筑场地可按三等水准精度要求。对于平面测量，要求不低于5″导线测量精度。

观测时间间隔根据开采深度、覆岩性质、地表残余变形情况、建筑物重要程度等因素综合确定，一般每15~30 d观测一次。

观测工作结束后，应提交监测成果总结报告，包括地表及建筑物的移动变形值、移动变形相关曲线图、有关地质采矿情况和观测情况说明。

常规的监测方法虽然精度较高，却存在工作量大、成本高、变形监测点密度低且难以长期保存等缺点，且不便于获取地表形变的三维空间形变信息及大范围的作业。近年来，InSAR、CORS等现代测量技术得到了长足发展，针对空天地沉降监测中多源数据时空分辨率多样、技术方法各异、数据质量和可靠性存在差异等问题，深入开展了多源数据融合和信息提取关键技术的研究和开发，为采煤塌陷区地表沉陷监测提供了新的技术方法和途径。

随之还开发了矿区地表沉降、建筑物沉降以及结构物形变监测的自动化监测系统，包括采用液体静力水准进行建筑物沉降自动监测，基于测量机器人的结构物形变监测控制系统等。

5　采空区注浆处理

5.1　采空区注浆处理的原理与基本方法

5.1.1　采空区注浆处理的原理

采空区注浆是指用人工的方法向采空区的垮落带和裂隙带注入具有充填、胶结性能的浆液材料，以便硬化后增加其强度或降低渗透性的注浆施工过程。其工艺原理如下：

（1）通过注浆，能有效地填充冒落带岩石空隙及空洞，增强冒落带岩石密实度，提高原冒落带岩层砌体结构的整体刚度，阻止顶板继续垮落。

（2）依靠浆液良好的流动性，对节理、裂隙、层理等软弱结构面进行填充胶结，提高抗剪强度，增强裂隙带的整体性。

（3）水泥、粉煤灰浆液等注浆材料凝固后具有一定强度，通过对采空区填充加固，岩石的稳定性增强，提高了地基承载力。

5.1.2　采空区注浆的基本方法

依据矿山开采沉陷、“三下”采煤、采煤塌陷区建筑利用等相关理论，结合国内外采空区治理的工程实践经验，采空区通常采用浆柱式注浆法、条带式注浆法和全胶结注浆法注浆。

（1）浆柱式注浆法是在地面布置格子状钻孔，先注入粉碎过的矿渣、砾石等填料，然后注入水泥浆或粉煤灰-水泥浆液固结填料，形成注浆柱来支承上覆顶板。一般所用浆液浓度高并掺入一定量的速凝剂，注入后浆液在采空区松散岩块中迅速凝固，有效扩散半径很小，凝固后的浆体在采空区形成一个上小下大的锥状体，由于这种锥状的柱体具有强度高、变形小的特点，它能像柱子一样起到支承上部岩体的作用，防止上覆岩体在新的附加应力作用下的进一步变形破坏，从而达到加固地基的作用。

（2）条带式注浆法是在采空区范围内形成类似煤炭开采的“条带煤柱”，起到支撑采空区及上覆岩层的作用。该方法材料用量小，但施工相对复杂，地表减沉效果较差，很少采用此方法进行采空区注浆处理。

（3）全胶结注浆法是在采空区影响范围内按一定孔距和排列方式，布设足量的注浆孔，用钻机成孔，通过注浆泵、注浆管将浆液注入采空区或采空区上覆岩体裂隙中，浆液经过固化、胶结形成的结石体对其上覆岩层形成支撑作用，阻止上覆岩层进一步垮落塌陷。

全胶结注浆法已在国内采空区治理工程中取得了成功的经验，进行了大范围应用，该方法相对简单，安全性高，施工工艺成熟，施工易于管理，缺点是材料用量较大。本章主要介绍全胶结注浆法。

5.2　注浆理论与注浆工艺

5.2.1　采空区注浆理论

采空区注浆理论是借助流体力学和固体力学的理论发展而来的，对浆液的流动形式进行分析，建立压力、流量、扩散半径、注浆时间之间的关系。注浆理论包括渗透注浆、裂隙岩体注浆等。

1. 渗透注浆

渗透注浆是在不破坏地层颗粒排列的条件下，浆液充填于颗粒间隙中，将颗粒胶结成整体。渗透注浆的必要条件是浆液的粒径远小于岩土体颗粒的粒径。其扩散形式主要分为柱面扩散和球面扩散，这与采用的注浆形式有关。计算扩散半径采用的理论公式主要有两个：一是牛顿流体柱-半面扩散公式；二是宾汉姆流体扩散公式。通过这两个公式可知，浆液的扩散半径主要与岩体的孔隙率、注浆压力、注浆时间和浆液的黏度有关。这里需要说明的是，浆液的黏稠度会随着时间发生一定的变化，从而会改变浆液的扩散能力。注浆时要想达到一定的半径就需要增加注浆压力，或者在保持一定的压力下增加注浆时间。

2. 裂隙岩体注浆

岩体内存在大量的节理裂隙，尤其是多次构造作用形成的节理分布相对复杂，研究浆液在岩体裂隙内的流动规律就更复杂。采用的研究方法只是利用裂隙岩体的一些渗流模型，研究浆液在水平单一裂隙或一组裂隙内较为简单的裂隙模型内流动规律。裂隙岩体注浆理论同样是采用牛顿流体在水平光滑裂隙面内的扩散公式和宾汉姆流体扩散公式计算。浆液的扩散半径与注浆压力、浆液配比、注浆时间有关。

理论计算的扩散半径往往与实际相差较大，最可靠的方法是进行现场单孔注浆试验，根据试验确定采动破裂岩体水泥浆液的扩散半径。

5.2.2　采空区注浆的工艺流程

在采空区注浆前，首先要通过矿方的采掘工程平面图、地质采矿资料详细了解地下采空区的开采年代、采煤厚度、开采深度、煤层倾角、采煤方法及采空区分布情况，如矿方的图纸资料不全或者不准确，可以采用物探结合钻探的方式详细了解煤层的开采情况。根据掌握的采空区情况进行注浆孔的布置。其中，钻孔的间距除了要考虑地形影响之外，还要考虑浆液流动性，即浆液的扩散半径。在注浆钻孔布置完后，需要计算整体注浆量、各种注浆材料用量、设备配备及施工周期，为施工队进场做准备工作。接下来通过测量放线准确定位注浆孔位置，进行注浆孔的施工。待注浆孔施工完毕后就可以注浆了，注浆过程中要随时观察和记录。注浆结束后还要进行注浆效果检测，最后工程验收。采空区注浆工艺流程如图 5-1 所示。

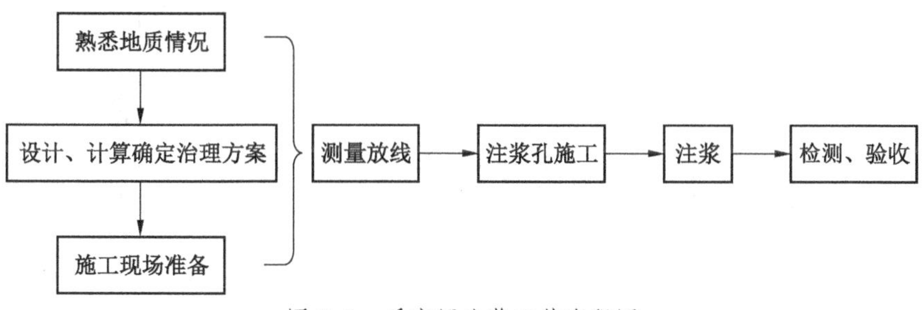

图 5-1　采空区注浆工艺流程图

5.3 注浆设计

5.3.1 地质资料的选取

在采空区注浆设计前要先了解需要处理的工程区域基本工况，具体包括以下几点：

(1) 地形地貌，地质构造，地层的时代、成因、岩性、产状及其腐蚀性。

(2) 地下水的埋深及动态变化，地表水和地下水水质及其腐蚀性。

(3) 不良地质的类型、分布范围、基本特征及与采空区的相互关系。

(4) 采空区的埋深、采高、开采范围、空间形态、顶板支护方式、顶板垮落情况(垮落带、裂隙带高度和垮落物充填情况)。

(5) 采空区地表变形程度、影响范围和地表移动盆地特征。

(6) 采空区地表建（构）筑物的类型、基础形式、变形破坏情况。

多数情况下，需要注浆处理的采空区为采深较浅、煤层开采不充分、地质采矿资料不全的老采空区，可以采用物探结合钻探的方式详细调查工程区域内采空区的分布及开采状况。先用物探的方法探测出采空区的范围，结合现场及相关资料，重点布设探测钻孔。钻孔需要查明：①场地岩土的构成及各土层物理力学性质，分析和评价地基的稳定性和均匀性；②提供地基土承载力特征值；③该区域煤层顶底板的埋深、第四系冲积层厚度及各地层构成。

5.3.2 注浆要求

根据已知的采空区分布情况，为了达到保护建（构）筑物的目的，要知道采空区的注浆范围（图 5-2)。

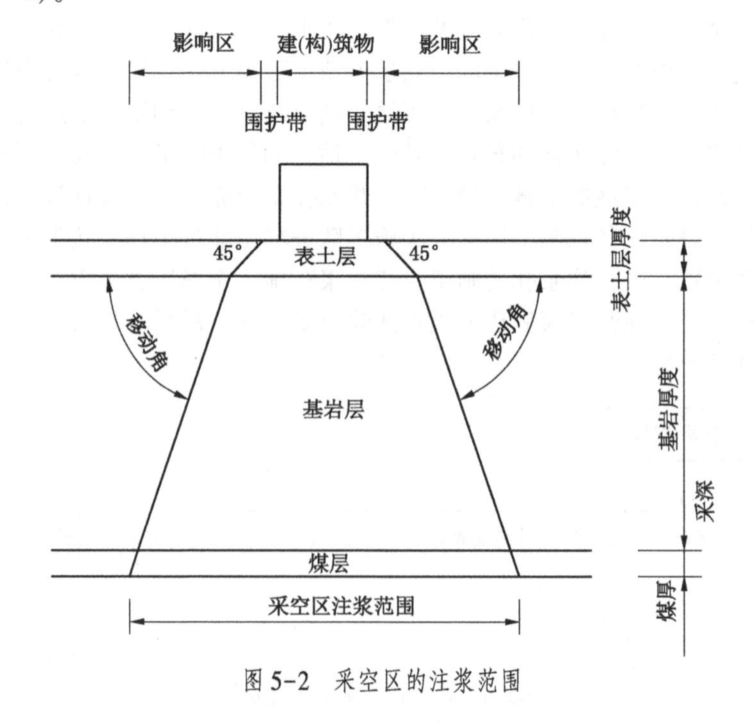

图 5-2 采空区的注浆范围

注浆设计时充分考虑煤层上方存在的岩层情况，利用基岩岩层强度大的特点，要求采空区注浆充填后形成的结石体不仅起充填作用，而且能起支撑作用。

采空区地基处理范围边缘部位应设置帷幕孔并按多排、三角形布置，间距可取灌注孔间距的1/2~2/3，不宜大于20 m。

注浆孔一般成梅花形布置，注浆孔的孔距和排距要根据采煤方法、地层结构、岩性、采出率、煤层顶板管理方法、裂隙带和垮落带的空隙、裂隙之间的连通性等多方面确定，具体见表5-1。必要时，采用现场试验确定。

需要说明的是，表5-1中所给的注浆孔排距和孔距只是经验值，具体在注浆孔设计时还要考虑浆液的材料、配比和拟建区内建（构）筑物的重要程度等。

表5-1　注浆孔排距和孔距经验值

序号	判别条件	排距/m	孔距/m	
			建筑物区域	非建筑区域
1	有坚硬顶板，采出率不小于60%，采空区冒裂带的岩石空隙、裂隙之间连通性较好	25±10	20±5	25±5
2	无坚硬顶板，采出率不小于60%，采空区冒裂带的岩石空隙、裂隙之间连通性较差	20±10	15±5	20±5
3	有坚硬顶板，采出率小于60%，采空区冒裂带的岩石空隙、裂隙之间连通性较好	20±10	15±5	20±5
4	无坚硬顶板，采出率小于60%，采空区冒裂带的岩石空隙、裂隙之间连通性较差	15±10	10±5	15±5

采空区注浆宜采用水泥、粉煤灰、黏土等材料，要求注浆充填材料压缩系数小，尽量就地取材。对于空洞和裂隙发育的采空区，地下水流速大于200 m/h时，宜先灌注砂、砾石、石屑、矿渣等骨料后再注浆。同时，注浆的材料除满足环保要求以外也应满足表5-2的要求。

表5-2　注浆材料的规格

序号	原料	规格要求
1	水	应符合拌制混凝土用水要求，pH值大于4
2	水泥	强度等级不低于32.5级，普通硅酸盐水泥
3	粉煤灰	应符合国家二、三级质量标准
4	黏土	塑性指数不宜小于10，含砂量不宜大于3%
5	砂	天然砂或人工砂，粒径不宜大于2.5 mm，有机物含量不宜大于3%
6	石屑或矿渣	最大粒径不宜大于10 mm，有机物含量不宜大于3%
7	水玻璃	模数2.4~3.4，浓度50 Be′以上

注浆过程中，可根据需要加入一定量的水玻璃、三乙醇胺等添加剂改变浆液性能，缩短凝结时间。具体的浆液配比要结合当地经验，通过现场试验确定，浆液水固比宜取1∶1.0~1∶1.3，可掺入适量减水剂。

为提高充填率，除采用静注外还要进行加压注浆，根据浆液浓度确定孔口压力，一般情况下注浆孔孔口压力不低于 1.5 MPa。要求结石率不低于 85%。

施工初始应进行注浆试验，施工过程应进行质量自检。

5.3.3　注浆量的预计和注浆材料

在基本掌握了工程区域采空区的分布及开采状况后，就可以进行采空区注浆量的计算了，注浆总体积由下式计算：

$$Q_g = \frac{\tau SMNn\eta}{c\cos\alpha}$$

式中　S——采空面积，m^2；

M——煤层法向厚度，m；

N——煤层采出率；

n——剩余空隙率；

η——充填系数；

c——结实率；

α——煤层倾角，(°)；

τ——设计注浆量损耗系数，一般取 1.3 左右。

注浆时，应根据采空区情况，适当调节浆液配比，对漏失量大的钻孔及下山边界孔为防止浆液大量漏失，可采用扩大浆液浓度、间歇注浆等方法解决，同时也可加入水玻璃等早强、速凝剂，一般水玻璃为浆液体积的 3%~5%，具体比例取决于所需凝结时间（由现场试验决定）。

用于采空区注浆充填的水泥粉煤灰浆液，应满足比重、流动性、稳定性、结石抗压强度、凝结时间等多种性能要求，具体要求如下：

（1）浆液比重：浆体的质量与其体积的比值，采用泥浆密度计进行测定，设计要求密度满足 1.4~1.7 g/cm^3。

（2）流动度：在无扰动条件下，采用截锥圆模测定注浆材料自由流动的最大扩散直径及与其垂直方向的直径，计算其平均值，设计要求浆液流动度满足 210~330 mm。

（3）结石率：浆液析水后凝结形成的结石的体积占原浆液的体积的百分数，设计要求应不低于 85%。

（4）结石体抗压强度：用 70.7 mm×70.7 mm×70.7 mm 的成型试模，标准养护条件下 28 d，试块抗压强度不低于 2 MPa。

（5）凝结时间：可用试锥稠度仪测定水泥浆的初凝和终凝时间。设计要求浆液初、终凝时间应满足相关规范要求。

用于采空区注浆充填的水泥粉煤灰浆液，配比一般取水与固相配合比为 1∶1~1∶1.3，水泥：粉煤灰配合比为 2∶8、2.5∶7.5 或 3∶7。

注浆原材料应满足下列要求：

（1）施工用水：注浆用水应符合《混凝土用水标准》（JGJ 63—2006）要求。

（2）水泥：采用强度等级 42.5R 的水泥，质量应符合《通用硅酸盐水泥》（GB 175—2007/XG 1—2009）标准。

（3）粉煤灰：采用三级灰，质量应符合《用于水泥和混凝土中的粉煤灰》（GB 1596—2017）及《粉煤灰混凝土应用技术规范》（GBT 50146—2014）标准要求。

（4）粗骨料：粗骨料选用建筑用中（粗）砂。

（5）外加剂：具有缓凝、保水、激发充填材料性能的复合外加剂，应符合《混凝土外加剂应用技术规范》（GB 50119—2013）要求。

在注浆材料选择上，也可选取高（低）浓度固废再生膏体充填料浆。该浆液采用水泥粉煤灰浆液与矸石、建筑垃圾破碎再生料搅拌形成浓度较大的稳定浆液，适用于采空区尚未垮落或仍有较大空洞的地域。

5.3.4 注浆孔结构与灌注工艺

对浅部注浆钻孔，钻孔结构如图 5-3 所示。具体可采用 $\phi146$ 钻头开孔，钻进到基岩完整段，下 $\phi127\times6$ 孔口管，用 1∶1 的纯水泥浆固管，完成后要试压，最大压力不低于 2 MPa，保证不窜浆。然后用 $\phi108$ 钻头打到煤层底板（不小于 3 m）。采用 $\phi50$ 注浆管，其下部为 20 m 长花管出浆。这种结构的优点是可以戴帽（图 5-4，该结构必须有清洗钻孔处理事故的排浆装置），进行全孔加压灌注，而不需要止浆塞；缺点是施工较复杂，注浆后孔口管取不出来。

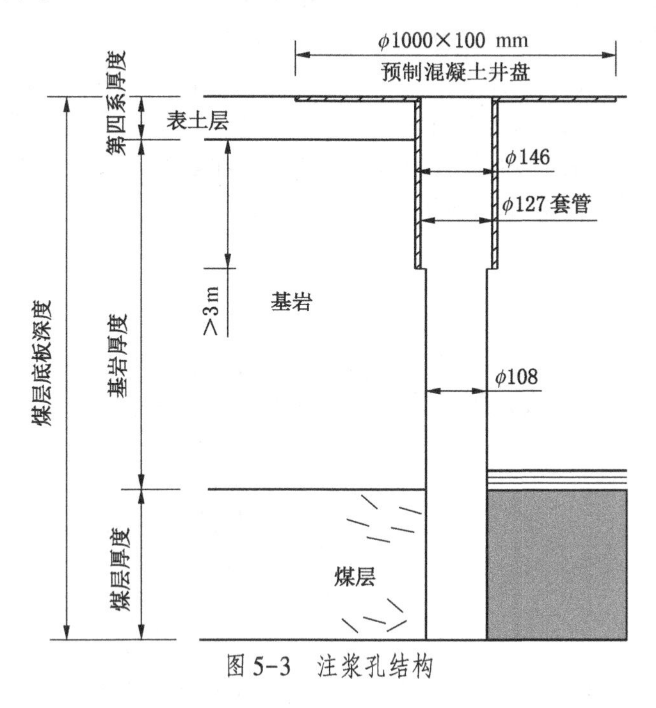

图 5-3 注浆孔结构

钻孔钻进过程中，一般使用清水钻进，如孔壁破碎坍塌，可用泥浆。钻进过程中进行简易水文观测，全部取芯、编录，为确定止水、止浆位置和灌注层位等打下可靠的基础。要求钻孔孔斜不超过 1°。

注浆管采用 $\phi50$ 普通无缝钢管，管壁厚度不少于 4 mm，采用管箍连接。出浆口花管段亦是 $\phi50$ 同样钢管，也用管箍连接，其长度取决于煤层采空区和上覆破坏岩层的漏失段长度，根据现场打钻实际情况确定。考虑到浆液在管眼中的易通过性和花管壁能承受一定

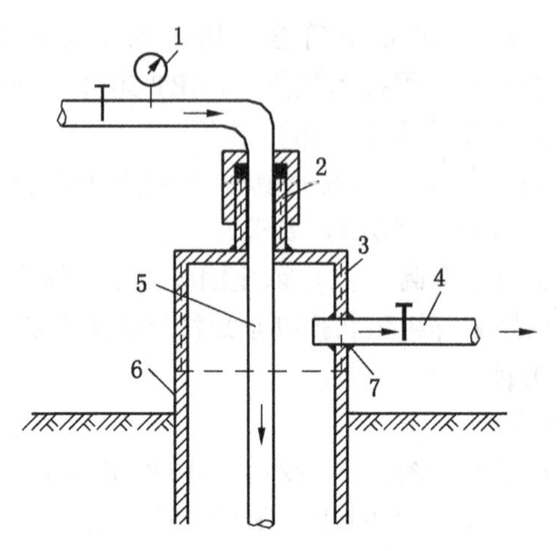

1—孔口压力表；2—密封联结螺帽装置；3—127 mm 孔口联结帽；4—冲洗钻孔处理事故排浆管；
5—50 mm 进浆管；6—127 mm 固井套管；7—焊点

图 5-4 注浆孔孔口联结装置示意

的压力，花管壁孔眼直径为 20 mm，沿圆周每排布 3 个孔，每米长布 20 排 60 个孔，横向与上下排孔眼错开布置，近似呈等边三角形，空隙度为 12%。

投放骨料采用灌注工艺（图 5-5）。在孔口安装漏斗状注料器，用水冲小碴，直接混合冲入钻孔。可用三角带式输送机将骨料（ϕ0.5～ϕ10）运至孔口（或人工投放），在孔口漏斗处与水混合，通过悬吊的临时护壁套管或永久性套管进入采空区空洞，水与骨料的质量比控制在 1～2：1。应采取措施尽量扩大骨料的投放量。

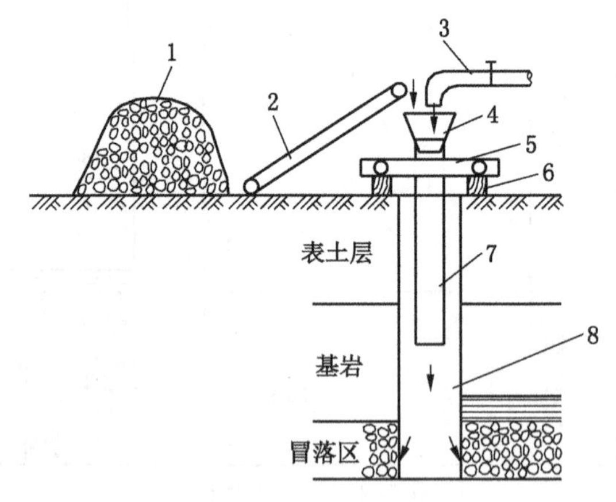

1—细石料堆；2—带式输送机；3—供水管；4—混合漏斗；5—套管夹板；6—夹板垫木；
7—悬吊护壁套管（最少进入砂岩层 3 m）ϕ89；8—ϕ108 钻孔

图 5-5 骨料投放示意图

以水泥、粉煤灰浆液为例，介绍浆液的灌注工艺（图 5-6）。水泥、粉煤灰浆液中，为增加粉煤灰的活性和良好的充填及流动性，减少泵的磨损，用粒径小于 3 mm 的细灰。先将粉煤灰送入粉煤灰搅拌筒加水进行第一次搅拌，流出后经过孔眼 ϕ3 的筒箍或平面振动筛除渣，3 mm 以下粉煤灰浆液流入第二个搅拌筒，加水泥进行第二次搅拌，搅拌好后流入储浆池，然后用注浆泵通过 $\phi50$ 注浆管输送到钻孔内，从注浆管下部的花管压入采空区煤岩块之间。如果出现两孔同时注，地面共用总注浆管需用 $\phi70$ 以上的。注浆孔建议采用全钻孔注浆法（用图 5-4 孔口装置联结）。

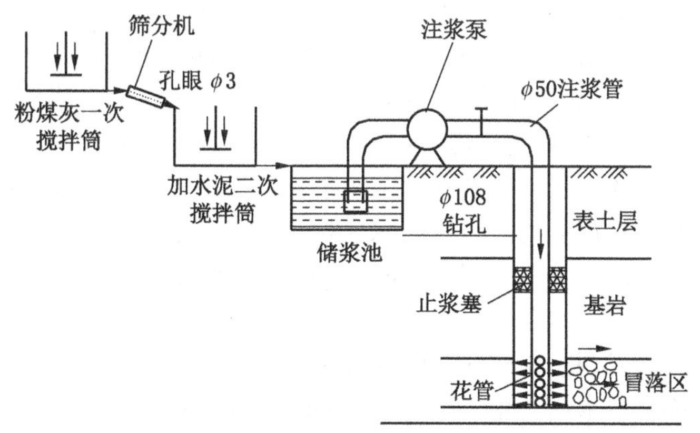

图 5-6　注水泥、粉煤灰浆液系统示意图

注浆时，应注意以下原则：

（1）灌注顺序，应先进行帷幕注浆，一般情况下，一片注浆孔应先外围后中间，先低处后高处，一段注浆孔应先两端后中间，其余隔孔灌注。

（2）每孔打钻与灌注相结合，打完钻，如为采空区，由本钻机进行灌注浆工作。不采取打钻、灌浆分开作业方式。

（3）加压灌注时，下入砂岩层完整段的止浆塞可采用橡胶的、水泥的等多种，要求能承受泵压 2 MPa 以上的压力，尽可能使止浆塞和孔中注浆管重复使用。

（4）注浆泵站设在工作区中间，其地面和孔中注浆管采用普通 $\phi50$ 无缝钢管，如两孔同时注浆，共用地面管，其管径不应小于 70 mm，采用管箍连接，孔中花管如前述要求。整个系统连接后，要试压，泵压用 2 MPa 以上，至少试验 30 min。

（5）灌注段高度，根据打钻探测情况确定。要求基岩内冒裂区细微裂缝采用花管一次灌注。

（6）以静注为主，当注浆液达到孔口管压力 0.5 MPa 时，然后用水灰质量比为 1∶2 的水泥浆再注，提压到孔口管压力为 1.5 MPa，进一步加压封顶灌注。

（7）终量终压，当孔口管压力为 1.5 MPa，泵量小于 30 L/min，稳定 30 min 以上结束该孔注浆。

（8）整个注浆过程，先用清水或稀浆压入孔内，然后将正常配比浆液注入孔内，注浆过程中因各种原因停泵或注浆结束，必须压入清水，清洗注浆管路，尽量避免浆液堵管。注浆结束后，在将注浆管逐渐上提过程中，用灰浆封孔。

（9）在边界孔或由于其他原因很难达到终量、终压而发生跑浆时，可注浓浆或加入速凝剂或用间歇注浆的办法加以解决，必要时可以加入速凝剂，速凝剂的用量应在现场根据凝结时间长短实验确定。

（10）在注浆过程中要详细记录时间、浆液注入量、水泥和粉煤灰的注入量以及下骨料的用量，所发生的事故及处理方法等。注浆过程中，要定时观测四周邻孔窜浆、喷水、喷浆及钻孔水位变化，观察记录注浆过程中各种现象，收集原始数据，据此调整注浆量和浆液浓度。

（11）在注浆过程中，施工单位对每一种配置好的浆液（当所用材料与配比发生变化时），必须按要求留取试样并予养护，测定其抗压强度值，为合理确定材料配比提供依据。

对深度较大的注浆钻孔，可采用一次变径方式钻进，清水钻进，下行式分段施工工艺。开孔孔径 150 mm，终孔孔径不小于 89 mm，变径位置为钻进至稳定基岩 10~20 m。钻孔孔深以设计孔深作为控制且应进入目标采空区（或煤层）底板不小于 3 m。

注浆工艺采用分段下行式间歇式静压注浆充填工艺，分段位置可根据钻进过程地层情况，当钻探循环液漏失严重时，可进行采空区充填注浆；待浆液初凝后，扫孔继续钻进。第一次注浆宜进入裂隙带 10 m 位置，第二次注浆位置宜为终孔深度。具体注浆次数可根据现场实际情况确定。

具体施工时，如发现是采空区，则进行注浆充填工作；如不是采空区，也应按要求灌注，满足终压、终量要求后，用 1∶1~1∶2 的纯水泥浆液封孔。

特殊情况的处理：

（1）在钻孔过程中，如遇有塌孔、卡钻或严重漏浆的孔段，无法进行钻探作业，难以达到设计深度的注浆孔，可增加自上而下注浆分段数量，即反复注浆、扫孔，直至设计孔深，最后进行采空区注浆。

（2）注浆过程中，如地表发生冒浆现象时，一般可采用低压、限流、限量、间歇灌注等方法处理，必要时应采取嵌缝、地表封堵等方法处理。

（3）注浆过程中，如发生抬动，可采取降压、限流处理。处理无效，改用浓浆灌注后，待凝并扫孔复灌。

（4）注浆发生窜浆时，如窜浆孔具备注浆条件时，应一泵一孔同时注浆。否则，应塞住串浆孔，待注浆孔注浆结束后，再对串浆孔进行扫孔、冲洗至设计深度，而后进行注浆作业。

（5）注浆必须连续进行，若因故中断，应尽快恢复注浆，否则应立即冲洗钻孔，再恢复注浆。若无法冲洗，则应进行扫孔，再恢复注浆。

（6）当单孔注浆量达到设计平均单孔注浆量的 80%，注浆压力和单位注浆量均无明显改变或单位注浆量大于 250 L/min 时，宜调浓一级浆液浓度。

（7）如遇超过单孔平均注浆量、注浆难以正常结束的孔段的情况，可采用低压、限流、限量、间歇注浆法灌注，达到设计终止注浆标准后，结束该孔注浆。

5.4 注浆效果检测

依据《煤矿采空区建（构）筑物地基处理技术规范》及其他相关规范要求，采空区充填注浆施工质量检测时间应于采空区治理施工结束后 3~6 个月进行。

注浆效果主要的检测手段有声波测试法、电测深法、高密度电法、电磁波 CT 法、地质雷达、旋转触探法（RPT）、PST 法、钻孔检查法等。一般情况下，在进行注浆效果检测时，都是采用 2 种及 2 种以上方法进行，其中最直观准确的检测方法是钻孔检查法。检测采空区注浆效果时，钻孔检查法可以与其他检测方法结合使用。采用钻孔检测法时的注意事项如下：

（1）根据物探、钻探和已有的场地采空情况及施工情况，重点在主要拟新建建构物下方布设检查孔。检查孔可布置在两注浆孔中间及靠近注浆孔 2~3 m 位置，对灌注带取芯，查明采空区空洞、空隙、裂隙充填情况，并对试件进行室内单向抗压强度试验，要求两个月龄期的充填结石体强度满足地基承载力要求。同时，钻孔检测中应详细记录岩芯采取率、循环液消耗量、进尺快慢等情况；重点描述浆液对空隙和裂隙的充填胶结程度，浆液结石体的坚硬程度、完整性等，绘制检测钻孔柱状图并制作岩芯影像资料。检验合格后方可进行下一步设计施工，检验不合格需查明情况，同时要对不合格区域进行补充注浆处理。

（2）对灌注区进行物探，查明灌注区域各层岩石的物性，如视电阻率等，间接查明采空区充注效果；检测钻孔完成后，对钻孔基岩段进行孔内电视，直观反映采空区及覆岩裂隙的充填情况；对每个检测钻孔进行测井，测定其体积密度、侧向电阻率、自然电位、自然伽马、钻孔横波波速等指标，与原始勘察数据对比，分析判别对采空区及覆岩裂隙灌浆充填质量。

（3）采用与施工中同样的浆液配比与注浆参数，测定钻孔单孔压浆量与检测孔周边钻孔施工注浆量进行对比，分析评价工程施工质量。

（4）对工程施工过程形成的技术资料进行检查，资料应及时、详细、客观并能真实反映施工过程，不得存在虚假或后补现象。

（5）建议在预建区域及重要建（构）筑物上设置监测点，长期观测相应地表点下沉及位移变化情况。

根据对检查孔的质量检测（物探测试、检查孔取芯和固结体强度等），结合钻孔、注浆施工记录、注浆成果资料的分析，对注浆质量做出综合评价。

5.5 特殊注浆方法

对于一些特定场地、特殊要求的采空区，也可以采取一些非常规的注浆方式，包括精密注浆、定向注浆等。

（1）精密注浆。精密注浆主要是针对一些对场地地基承载力要求较高或是建筑安全等级较高的情况，浆液一般采用高浓度浆液，必要时也可以采用纯水泥浆液，注浆孔间距一般不超过 15 m，注浆范围主要为重要建筑物正下方范围外扩 10~15 m，要求注浆体结石率不低于 90%。

（2）定向注浆。定向注浆主要是在打钻时采用定向钻。定向钻具有所需施工作业的空间小、施工受场地影响小等特点。该方法主要是针对采空区上方不适合布置垂直钻孔的工程场地，在注浆时基于定向钻探工艺的从式井和水平多分支井进行采空区充填治理。该方法工艺技术先进，工程造价低，施工造成的环境破坏和社会影响小。但相对于常规垂直钻孔注浆来说，施工设备大，工艺复杂，施工工期长。

需要说明的是，采空区注浆充填后，其充注结石体和一些残留煤柱可形成一种复杂的超静定支撑系统，可保证上覆岩层的稳定。但由于注浆后还会发生结石干缩和受力压缩，不可避免地还会发生一定的残余沉陷变形，因此，对地表新建建（构）筑物还应采取相应的抗变形结构技术措施。

6 地基回填与处理技术

煤矿开采在给社会带来巨大利益的同时，也对环境造成了破坏，尤其是大面积地表沉陷、积水，造成大片土地荒置。随着开采程度和开采范围的不断扩大，塌陷区不断扩展，将塌陷地回填治理后用作建筑用地，既解决了建筑用地紧张问题，又对环境进行了治理。近年来通过不断的研究和实践，地基回填取得了一套成熟的技术和经验。

6.1 回填材料的选取

回填材料的选取要因地制宜，可以选用砂土、黏土、碎石、粉煤灰、煤矸石、矿渣和其他工业废渣等，不能含有植物残体、垃圾等杂质，同时也要满足相关标准对腐蚀性和放射性的要求。对于工业废渣，应进行场地地下水和土壤环境的不良影响评价，合格后方可使用。

6.2 回填地基的处理方法

6.2.1 压实地基

压实地基适用于处理大面积分层回填地基。地下水位以上填土，可采用碾压法和振动压实法，非黏性土或黏粒含量少、透水性较好的松散填土地基宜采用振动压实法。

以压实填土作为建筑地基持力层时，应根据建筑结构类型、填料性能和现场条件等，对拟压实的填土提出质量要求。未经检验且不符合质量要求的压实填土，不得作为建筑地基持力层。

对大面积填土的设计和施工，应验算并采取有效措施确保大面积填土自身稳定性、填土下原地基的稳定性、承载力和变形满足设计要求；应评估对邻近建筑物及重要市政设施、地下管线等的变形和稳定的影响并在施工过程中进行变形监测。

6.2.2 压实填土地基的设计

（1）压实填土的填料应满足下列要求：

①以碎石土和煤矸石作填料时，其最大粒径不宜大于 100 mm；

②以粉质黏土、粉土作填料时，其含水量宜为最优含水量，可采用夯击实试验确定；

③不得使用淤泥、耕土、冻土、膨胀土以及有机质含量大于 5% 的土料；

④采用振动压实法时，宜降低地下水位到振实面下 600 mm。

（2）碾压法和振动压实法施工时，应根据压实机械的压实性能，地基土性质、密实度、压实系数和施工含水量等，并结合现场试验确定碾压分层厚度、碾压遍数、碾压范围和有效加固深度等施工参数。

（3）压实填土的质量以压实系数 λ_c 控制，应根据结构类型和压实填土所在部位按表 6-1 的要求确定。

表6-1 压实填土的质量控制

结构类型	填土部位	压实系数 λ_c	控制含水量/%
砌体承重结构和框架结构	在地基主要受力层范围以内	≥0.97	$\omega_{op}\pm2$
	在地基主要受力层范围以下	≥0.95	
排架结构	在地基主要受力层范围以内	≥0.96	
	在地基主要受力层范围以下	≥0.94	

注：ω_{op} 为填料的最优含水量。

（4）设置在斜坡上的压实填土，应验算其稳定性。设置在压实填土区的上、下水管道，应采取严格防渗、防漏措施。

（5）压实填土的边坡坡度允许值，应根据其厚度、填料性质等因素，按照填土自身稳定性、填土下原地基的稳定性的验算结果确定。

（6）压实填土地基承载力特征值，应根据现场静载荷试验确定，或可通过动力触探、静力触探等试验，结合静载荷试验结果确定。

（7）压实填土地基的变形，可按现行国家标准《建筑地基基础设计规范》（GB 50007—2011）的有关规定计算，压缩模量应通过处理后地基的原位测试或土工试验确定。

6.2.3 夯实地基

夯实地基适用于一次回填全高且回填高度较大的回填地基处理。强夯处理地基适用于碎石土、砂土、低饱和度的粉土与黏性土、湿陷性黄土、素填土和杂填土等地基。场地地下水位高，影响施工或夯实效果时，应采取降水或其他技术措施进行处理。

强夯应在施工现场有代表性的场地选取一个或几个试验区，进行试夯或试验性施工。试验区数量应根据建筑场地复杂程度、建筑规模及建筑类型确定。

6.2.4 强夯处理地基的设计

（1）强夯的有效加固深度，应根据现场试夯或地区经验确定。

（2）夯点的夯击次数，应根据现场试夯的夯击次数和夯沉量关系曲线确定，并应同时满足下列条件：

①最后两击的平均夯沉量应满足表6-2的要求，当单击夯击能 E 大于 12000 kN·m 时，应通过试验确定；

表6-2 强夯法最后两击平均夯沉量

单击夯击能 E/(kN·m)	最后两击平均夯沉量不大于/mm
$E<4000$	50
$4000\leq E<6000$	100
$6000\leq E<8000$	150
$8000\leq E<12000$	200

②夯坑周围地面不应发生过大的隆起；

③不因夯坑过深而发生提锤困难。

（3）夯击遍数应根据地基土的性质确定，可采用点夯夯击 2~4 遍，对于渗透性较差的细颗粒土，应适当增加夯击遍数。

（4）两遍夯击之间，应有一定的时间间隔，间隔时间取决于土中超静孔隙水压力的消散时间。

（5）夯击点位置可根据基础底面形状，采用等边三角形、等腰三角形或正方形布置。第一遍夯击点间距可取夯锤直径的 2.5~3.5 倍，第二遍夯击点应位于第一遍夯击点之间，以后各遍夯击点间距可适当减小。

（6）强夯处理范围应大于建筑物基础范围，每边超出基础外缘的宽度宜为基底下设计处理深度的 1/2~2/3，且不应小于 3 m。

（7）强夯地基承载力特征值应通过现场静载荷试验确定。

（8）强夯地基变形计算，应符合现行国家标准《建筑地基基础设计规范》（GB 50007）的有关规定。夯后有效加固深度内土的压缩模量，应通过原位测试或土工试验确定。

6.3 煤矸石地基

煤矸石是煤炭开采和洗选的废弃物，是矿区回填地基的首选材料。煤矸石不但占用了土地而且污染环境，利用煤矸石充填塌陷地或回填地基，作为建筑用地，在其上建抗变形建（构）筑物，既消灭了矸石山，治理了矿区环境，又解决了建筑用地紧张的难题，具有显著的经济、社会和环境效益。特别是在高潜水位地区，建筑地基回填量大，已经出现了煤矸石供不应求的情况。

6.3.1 煤矸石的性质

1. 煤矸石的分类

按照煤炭工业固体废渣的来源，可分为采煤矸石、洗选矸石和煤炭加工过程中所剩废渣。

按煤矸石粒度可分为粗粒矸石（粒径＞25 mm）、中粒矸石（粒径 1~25 mm）和细粒矸石（粒径 0~1 mm）。采煤矸石的粒度组成变化较大，常含有大块物料，还可能含有大量的砾石；洗选矸石是煤炭在洗煤厂洗选时被分离出来的煤矸石，通常是中细粒矸石，煤矿矸石山的来源主要是这两种矸石。

2. 煤矸石的颗粒分析与矿物成分

堆积煤矸石的粒度分布是在一个比较宽的范围内变化，细粒级矸石的多少取决于风化的程度。矸石山的矸石包括采煤矸石和洗选矸石，煤矸石的颗粒大小差别很大。矸石的级配是决定矸石地基工程性质的因素之一。

徐州矿区煤矸石筛分试验表明，矿区煤矸石主要是采煤矸石，筛分结果如图 6-1 所示，求得的不均匀系数为 60.07，远远大于 10，表明煤矸石颗粒级配良好，有利于压实。

煤矸石的矿物成分相当复杂，常见的矿物有黏土类矿物、碳酸盐类矿物、铝土矿、黄铁矿、石英、云母、长解石、炭质和植物化石等。煤矸石中，20 mm 粒径以上的较大颗粒以砂岩等硬质岩类为主，10~20 mm 粒径的颗粒中，以软质岩类为主，在粒径小于 10 mm 的煤矸石颗粒中，基本上为软岩类，而硬岩含量极少。由于砂岩和硬质岩类的较大颗粒的

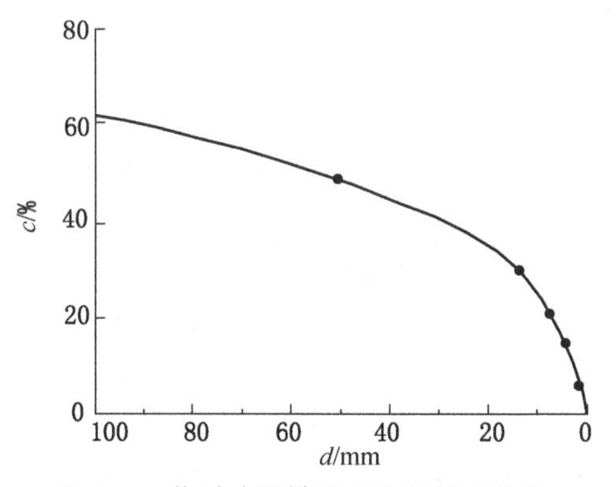

图 6-1 徐州矿区煤矸石颗粒级配曲线

存在，使煤矸石具有砾石土的一些性质，而软岩等细小颗粒的存在又使煤矸石具有黏土的一些性质。

3. 煤矸石的物理、化学性质

煤矸石构成成分和颗粒组成的复杂性和特殊性，也就使得煤矸石与其他松散介质在物理力学性质上有较大的差异。表 6-3 为室内试验测得的徐州庞庄矿煤矸石的物理性能指标。其他矿区煤矸石的物理性质由于成分的差异略有不同。

表 6-3 煤矸石的物理性能指标（徐州庞庄矿）

项目	密度/（$g \cdot cm^{-3}$）	松散密度/（$g \cdot cm^{-3}$）	含水量/%	空隙比	最大干密度/（$g \cdot cm^{-3}$）	最小干密度/（$g \cdot cm^{-3}$）	最优含水量/%
数值	2.62	1.74	8.43	0.48	2.05	1.65	7

煤矸石的化学成分直接影响煤矸石的工程特性，由试验求得的徐州庞庄矿煤矸石的化学成分见表 6-4。

表 6-4 煤矸石的化学成分（徐州庞庄矿）

成分	SiO_2	Fe_2O_3	Al_2O_3	CaO	MgO	TiO_2	烧失量
占比/%	49.33	5.12	16.89	5.70	0.94	0.69	14.94

在煤矸石的化学成分中，SiO_2 的含量为 49.33%，是煤矸石的骨架成分，使煤矸石具有一定的硬度。煤矸石中由于炭和 CaO 等物质的存在，会使煤矸石产生风化、水解等现象，使得煤矸石的稳定性较差。

煤矸石能否作为建筑地基还必须考虑煤矸石中所含的微量元素是否会对土壤和地下水的不良影响产生危害。徐州矿区煤矸石的光谱分析试验表明，虽然煤矸石中含有多种微量元素，但其元素组成仍以一般岩石中的常量元素为主，各种松散伴生元素很少或没有，因此，徐州矿区的煤矸石中所含的微量元素是不会对居住环境产生有害影响，用煤矸石作为建筑地基是完全可行的。

6.3.2 浸水对煤矸石地基的影响

1. 浸水对煤矸石地基压缩性的影响

煤矸石的风化与潮解将使煤矸石的颗粒级配发生改变，影响地基的工程性质，但风化和潮解是有条件的，煤矸石的风化程度取决于其所处的条件和密度，暴露在大气中的表层煤矸石，当温度在冰点以上时会迅速风化。埋在表层 0.5 m 以下的煤矸石，由于不与空气接触，基本上不发生风化现象。矸石的密度越大越不易风化，表层的风化层越小。潮湿的煤矸石在冷热交替的环境下会迅速潮解，干燥状态下的煤矸石浸入水中会发生潮解，潮解到一定程度后就不再发生潮解，处于干湿交替的冻融循环条件下更易潮解，但潮解后体积和重量变化不大。压实煤矸石是避免其产生风化和潮解的有效方法之一。

在干燥状态下的煤矸石的压缩系数随上部压力的增大变化不大，基本上属于低压缩性地基土。当浸水饱和后，其压缩系数明显增大，变为中压缩性地基土，但随上部压力的进一步增大，压缩系数降低，当上部压力大于 300 kPa 时，又基本上恢复为低压缩性地基土。煤矸石浸水饱和后，在上部压力的作用下，其密实程度得到进一步提高。

2. 煤矸石的压缩试验

压缩试验研究是在试验室内的一个圆筒中进行的，圆筒直径为 300 mm、高 180 mm，允许试料最大粒径为 60 mm，采用相似级配法进行缩尺，试样控制干密度为 1.85 g/cm^3。

试验结果表明，浸水饱和状态下的矸石，随着上部压力的增大，其孔隙比比干燥状态下相同压力时的值明显减少，在压力为 0~0.25 MPa 时，孔隙比减少较快，在压力为 0.25~0.85 MPa 时，孔隙比减少较缓。

同时可看出，在干料状态下，煤矸石的压缩系数随上部压力的增大变化不大，基本上属于低压缩性地基土，当浸水饱和后，其压缩系数明显增大，变为中压缩性地基土，但是随上部压力的增大，其压缩系数明显降低，当上部压力大于 0.30 MPa 时，基本上恢复为低压缩性地基土。

综上所述，浸水饱和后，煤矸石的压缩性增大，由低压缩性增为中压缩性地基土，但随着上部压力的增大，其抗压缩的能力在逐渐提高，当上部压力达到 0.30 MPa 之后，基本上提高为低压缩性地基土。

6.3.3 煤矸石地基处理方法

自然回填的煤矸石作为建筑地基，其地基承载力是不能满足建筑工程要求的，必须进行地基处理。适合煤矸石地基处理的方法主要有分层振动压实法和强夯法，每种方法都有自身的特点和适用条件。

振动压实法是利用振动压实机械在地基表面施加振动冲击力，以振实浅层松散土的地基处理方法，其激振力可为机身重量的 2 倍。振动压实法适用于大面积分层回填煤矸石地基的处理。

强夯法是利用重锤自由下落时产生的巨大冲击能量，使矸石产生强烈震动和应力，导致矸石中空隙压缩、块体破碎或局部液化，以达到减少沉降提高承载力的目的。这种方法所用设备简单，适用范围广，加固效果显著，适用于一次回填全高且回填高度较大的煤矸石地基处理。

采用强夯法进行煤矸石地基处理，考虑到经费问题，只能对建筑物的基槽部分进行处理，而地面和路面部分均未得到压实；采用分层振压法可对整个煤矸石回填区域进行压实，经济合理，施工简便，施工速度快。

1. 分层振动压实法

振动压实法适用于分层回填煤矸石地基的处理。煤矸石地基的振动压实效果取决于煤矸石的性质、颗粒级配、分层厚度、振压机的振压冲击能和振压次数等。

1）振压机的选型

煤矸石地基压实效果的好坏，与振压机械的技术参数和特性有关。当其他参数不变时，施加给地面的静态和动态压力基本上与振压机静重成正比，影响深度大致上与振动轮的重量成正比，而频率和振幅对振压效果影响也很大，一般在 25~50 Hz 时压实效果最好，如果在频率范围之内增大振幅，将会使压实效果和影响深度显著提高。振动压实效果还与振压机的轮径、轮宽有关，轮径小、轮窄则压实深度深、表面不平整，轮径大、轮宽则压实深度浅、表面平整。

选择振压机时，还要考虑到振压机的振动质量，振动质量越大，影响越深，可压实厚度越大，大质量的振压机使材料容易达到所要求的密实度。

2）振压层厚度的选择

煤矸石的振压层厚度对压实效果影响很大，用同一振压机进行振压，随着分层厚度的增加，压实效果逐渐变差，当分层厚度增加到一定程度时，即使增加振压次数，其下部的压实密度也不可能提高。而分层厚度过小，振压机的工作效率低，经济上不合理，而且还会出现压实效果变差的现象。

通过煤矸石颗粒筛分试验，发现煤矸石中有部分块体尺寸达 100~400 mm。因此，应限制大块矸石的尺寸，其最大尺寸应小于 100 mm。

根据现场试验，一般情况下 0.5~0.6 m 的厚度比较合理，压实效果比较好。

3）振压次数的确定

在其他条件一定的情况下，振压次数越多，压实效果越好，但振压次数达到一定值后，煤矸石层已基本稳定，再增加振压次数不但不能起到进一步压实的作用，反而会影响压实效果，而且经济上也不合理，所以在施工之前要通过试验，确定最佳振压次数。

试验表明，垫层厚度为 0.5~0.6 m 时，一般振压 3~4 次往返（即行走 6~8 趟）为宜。

4）矸石地基的容许承载力

试验表明，经振动压实处理的煤矸石地基的承载力达到 220 kPa 左右，远远大于天然土地基，完全能够满足建筑工程需要。

2. 强夯密实法

强夯法一般是以 8~40 t 重锤起吊到一定高度（一般为 8~30 m），令锤自由下落，对地基进行强力夯实，以提高地基土的密实度，降低其压缩性的一种地基加固方法。强夯法所用设备简单，原理直观，适用范围广，加固效果显著。

1）设备与夯击能的确定

采用强夯法加固地基时，合理地选择好夯击能量对提高夯击效率很重要。选择的依据应根据场地的地质条件和工程使用要求，按下式估计加固深度，从而选定锤重、落距与相应的夯击设备。夯击能为锤重与落距的乘积。

加固深度：

$$h = k\sqrt{MH}$$

式中　k——有效加固深度修正系数，根据现场试验对煤矸石地基一般取 0.5；

M——锤重，t；

H——落距，m。

夯击能确定后，进行设备确定。如徐州矿务集团权台煤矿，根据矸石垫层的回填情况，选定锤重 7.4 t，落距为 8.7 m，起重设备选用履带式起重机，最大额定起重量为 16 t，强夯施工时采用自动脱钩装置。

2）夯击施工工艺

夯击点布置是否合理将影响强夯的加固效果，应根据建筑物的平面形状、基础类型和场地土质情况、含水量的多少及工程要求等因素选择布置方案，夯点和夯间距的布置原则一般按正方形网格布置。对于条形基础的建筑物，一般采用沿条形基础中心线排点布置，采用连夯法夯击，这样建筑物的基槽可由强夯直接夯成。

夯击击数与地基加固要求有关，因为施加于单位面积上夯击能量的大小直接影响加固效果，而夯击能量的大小是根据地基加固后应达到的规定指标来确定的，夯击要求使煤矸石竖向压缩最大，侧向移动最小。通常以最后两击的下沉量之和的平均值来控制每点的夯击击数，具体见表 6-2。在采动区，由于地表沉陷变形的特殊性，其预垫煤矸石地基的加固程度如达到非常密实状态时，就会出现集中采动变形，因此夯击次数不宜过多，能满足地基承载力的需要，在建筑荷载加上后，不产生不均匀沉降即可。

表 6-5 为徐州矿区权台煤矿煤矸石回填地基强夯沉降观测试验结果。试验选取了 3 个试点进行，根据试验结果绘制了煤矸石强夯沉降曲线图（图 6-2）。从夯击沉降量看，前三击的沉降幅度很大，累计沉降量占总沉降量的 50.6%，从第四击开始，煤矸石松散状态变为较密实状态；夯击第 9 击时，沉缩量占总沉缩量的 94.1%，大块矸石破碎，矸石地基达到很密实状态并且已产生侧向挤压变形；夯击次数大于 9 击，加固进入固结阶段，加固效果不明显。该区域为采动区，煤矸石地基达到固结状态在采动影响下易产生集中变形，对建筑物很不利，因此综合分析选定每点的夯击击数为 6 击。

表 6-5　测点强夯观测数据

mm

次数	试点 1		试点 2		试点 3	
	每次下沉量	总下沉量	每次下沉量	总下沉量	每次下沉量	总下沉量
1	135	135	193	193	163	163
2	100	235	110	303	95	258
3	80	315	105	408	77	335
4	40	355	60	468	70	405
5	65	420	75	543	58	463
6	37	457	55	598	60	523
7	53	510	25	623	40	563

表 6-5（续）

mm

次数	试点 1		试点 2		试点 3	
	每次下沉量	总下沉量	每次下沉量	总下沉量	每次下沉量	总下沉量
8	34	544	65	688	57	616
9	36	580	32	720	47	663
10	40	620	92	812	35	698
11	27	647	44	856	55	753
12	36	683	32	888	33	786

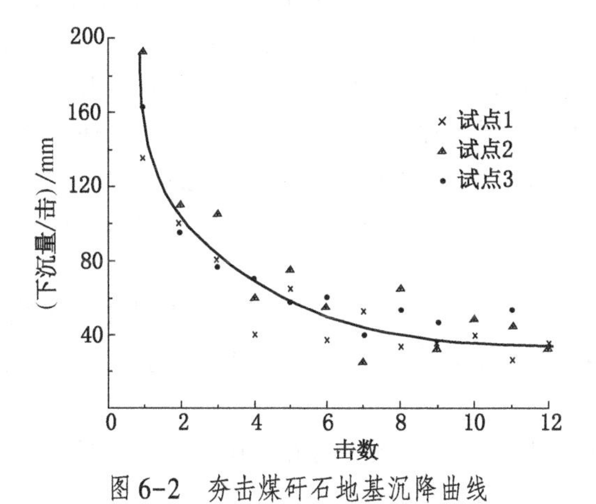

图 6-2 夯击煤矸石地基沉降曲线

7 抗变形建筑技术

7.1 抗变形建筑技术的发展现状

抗变形建筑技术于1978年在我国首次提出，并在湖南资江煤矿成功地进行了新建抗采动俱乐部下采煤的试验。俱乐部建筑面积1356 m^2，位于地表沉陷盆地的拉伸变形区，地表最大水平拉伸变形达8 mm/m，1982年通过了煤炭部组织的专家鉴定。1982—1986年，又在该矿建起了招待所、办公楼、托儿所、综合商店、住宅楼、农村住宅等抗采动变形建筑，其中大多为3~5层，农村住宅为2层，总建筑面积达2.5万平方米。这些建筑分布在下沉盆地的不同位置，经受多次采动考验，地表最大水平拉伸变形达16.6 mm/m。通过系统研究，使该项技术走向成熟。

1983—1986年在阳泉矿务局三矿的山区建抗变形农村住宅7栋，成功地进行了采动沉陷变形的科学试验，与水平滑动层的室内试验相结合，引入有限元法进行了墙壁受力的数值分析计算。

1987—1990年在平顶山矿务局开展“七五”国家科技攻关项目，成功建成抗变形农房103栋，设计中进行了锯齿形滑动层来吸收曲率变形的尝试，设计中还考虑了圈梁与砖墙共同承载，以减小圈梁的配筋和端面尺寸。随后，在平顶山矿区推广建设抗变形村庄12个，建筑面积15.6万平方米。

1987—1992年在霍州矿务局进行抗采动窑洞下采煤的试验研究，较好地解决了拱形屋顶的采动保护问题。

1988—1992年在青海大通矿区倾斜特厚煤层开采条件下，进行了采动区抗震和抗采动变形建筑物的试验研究，分析研究了抗震与抗采动结构的理论计算和设计保护，建起了28栋二层砖混住宅，经受了地表下沉1663 mm、水平变形13.2 mm/m的考验。

1989—1991年在铁法矿务局王河铁路桥的改扩建中采用抗变形建筑技术，将加固原桥墩和扩建新桥墩相结合，实现了扩建后铁路桥下压煤成功开采。

1990—1993年开展了煤炭科学基金抗采动结构理论计算方法的研究，采用有限元数值模拟分析方法，将室内试验与现场实测相结合，对砖混与框架结构的抗变形建筑物进行了结构受力分析以及各构件的作用分析，对平面和三维计算模型进行了比较研究。

1992—1995年在徐州矿务局庞庄煤矿开展了煤炭部重点科研项目高潜水位不搬迁村庄下采煤技术研究，采用预垫矸石地基就地重建抗震、抗采动变形房屋，研究了矸石地基分层振压工艺及压实效果，分析了矸石地基建筑物的采动受力特点，设计采用钢筋混凝土梁式带肋浅基础，建设抗震抗变形农村住宅627栋。试验取得成功后，在权台、张双楼、庞庄、夹河、旗山、三河尖等煤矿进行了推广应用。

1993—1995年在铁法矿务局开展了采动区现有建筑物加固保护技术研究，对砖混建筑物切割合理尺寸的洞口，在原来的基础上增加水平滑动层和钢筋混凝土基础圈梁，再砌堵洞口，钢筋混凝土柱和檐口圈梁包在墙壁上，以达到新建抗变形建筑物的抗变形效果。

1983—1997 年在阳泉矿务局二矿完成了抗变形军营与雷达站下综采放顶煤的试验研究。

1996—2003 年，在潞安集团五阳煤矿进行了大开间新型农房受高效开采影响的试验，并开展了高强度开采村庄房屋破坏规律与保护技术研究，于试采面上方不同区域建设了 3 套试验房，采用综采放顶煤开采，试验房经受了剧烈的地表变形影响，没有出现明显变形和破坏，项目对地表剧烈变形下建筑物的结构受力进行了分析，对高强度开采条件下建筑物的保护技术进行了系统研究。

20 世纪 90 年代开始，随着煤炭资源的开采，形成了大规模的采煤塌陷区。城市建设不断发展、基础设施建设的实施，造成可供建设用地严重不足。因此，在老采空区上兴建工业厂房、商业住宅小区成为一条发展途径并取得了丰硕的成果。

1992—1996 年，在平顶山矿区二矿采空区上方建设了乐福新村（陈庄住宅小区），建筑高度 5~10 层不等，首次提出了老采空区地基稳定性评价技术，并对新建建筑物提出了应采取的抗变形技术措施。

2000—2003 年，在晋城矿务局东小区、古书院煤矿铁北小区老采空区上方建起了 4~6 层的住宅楼，因采空区较浅、开采煤层较厚、开采方法不正规，首先对采空区进行了注浆充填处理，然后进行了住宅楼专项抗变形设计。

2004—2007 年，平顶山矿区在朝川煤矿老采空区上方建起了年产 0.6 Mt 焦化厂，占地面积约 17.3 万平方米（约 260 亩），重要建筑物包括焦炉、焦仓等大型建筑。焦化厂新建大型建筑及设备一直正常安全运转，未出现任何破坏。2008 年，又在焦化厂的东北部建设了燃气发电厂，总装机容量 1.2 万千瓦，主要建（构）筑物包括燃气轮机及发电机厂房、软化水车间、压缩机房、水泵房、冷却塔、储气柜等。

2002 年以来，平顶山市在老采空区上方兴建了阳光小区、金石九天城、飞行生态园小区、明源小区、豫基城、明珠世纪城等数十个集办公、购物、娱乐及居住等功能的综合商业多层住宅小区。

2009—2011 年中平能化集团机械制造有限公司建成了液压支架修理制造专业化生产项目，占地面积 425 亩，建筑面积 12.87 万平方米，建（构）筑物主要为大型单、双层厂房车间，其中主要包括液压支架修理车间（2 层）、液压支架解体车间一（1 层）、液压支架解体车间二（1 层）、液压支架制造分厂（2 层）、液压支架装配及液压油缸车间（2 层）、减速机车间（2 层）、热处理车间（2 层）、托辊车间（2 层）及油化库、仓库；主要设备设施包括 5 t、10 t、16 t、20 t、32 t、50 t 等吨位不等大型桥式起重机。最大的厂房为液压支架制造车间，车间长 171 m、宽 153 m、高 11 m；其次为液压支架修理车间，车间长 162 m、宽 159 m、高 11 m，两者均为钢结构大型工业厂房。

2010 年之后，采空区上建（构）筑物逐渐向高层、大型化发展。在平顶山市先后建起了大型购物中心义乌国际商贸城，华灿光明城市住宅小区，康顺佳苑住宅小区，水城威尼斯住宅小区，平天下住宅小区等高层住宅小区。在唐山市建起了市民中心、图书馆、大剧院、植物馆等大型建筑。与此同时，在焦作、潞安、晋城、皖北、山东等矿区的采空区上方也建起了大量的抗变形建（构）筑物。抗变形建筑技术已在全国得到了广泛应用，抗变形建筑技术已发展成一项成熟的技术。

7.2 地表变形对建（构）筑物的影响

地下开采引起的地表移动和变形，对在影响范围内的建（构）筑物将产生影响，这种影响一般是由地表通过建（构）筑物的基础传到建（构）筑物上部结构的。在不同的地表变形作用下，对建（构）筑物将产生不同的影响效果。

1. 地表下沉和水平移动对建（构）筑物的影响

地表大面积、平缓、均匀的下沉和水平移动，一般对建（构）筑物影响很小，不致引起建（构）筑物破坏，故不作为衡量建（构）筑物破坏的指标。如建（构）筑物位于盆地的平底部分，最终将呈现出整体移动，建（构）筑物各部件不产生附加应力，仍可保持原来的形态。但当下沉值很大时，有时也会带来严重的后果，特别是在地下潜水位很高的情况下，地表沉陷后盆地积水，使建（构）筑物淹没在水中，即使其不受损害也无法使用。非均匀的下沉和水平移动，对工农业和交通线路等有不利影响。

2. 地表倾斜对建（构）筑物的影响

移动盆地内非均匀下沉引起的地表倾斜，会使位于其范围内的建（构）筑物歪斜，特别是对底面积很小而高度很大的建（构）筑物，如水塔、烟囱、高压线铁塔等，影响较严重。

倾斜会使公路、铁路、管道、地面上下水系统等的坡度遭到破坏，从而影响它们的正常工作状态。倾斜变形还使设备偏斜、磨损加大或不能正常运转。

3. 地表曲率变形对建（构）筑物的影响

曲率变形表示地表倾斜的变化程度。建（构）筑物位于正曲率（地表上凸）和负曲率（地表下凹）的不同部位，其受力状态和破坏特征也不相同。前者是建（构）筑物中间受力大，两端受力小，甚至处于悬空状态，产生破坏时，其裂缝形状为倒八字；后者是中间部位受力小，两端处于支撑状态，其破坏特征为正八字形裂缝。

曲率变形引起的建（构）筑物上附加应力的大小，与地表曲率半径、土壤物理力学性质和建（构）筑物特征有关。一般是随曲率半径的增大，作用在建（构）筑物上的附加应力减小；随建（构）筑物长度的增大、底面积增大，建（构）筑物产生的破坏也加大。

4. 地表水平变形对建（构）筑物的影响

地表水平变形是引起建（构）筑物破坏的重要因素。特别是砖木结构的建（构）筑物，抗拉伸变形的能力很小，所以它在受到拉伸变形后，往往是先在建（构）筑物的薄弱部位（如门窗上方）出现裂缝，有时地表尚未出现明显裂缝，而在建（构）筑物墙上却出现了裂缝，破坏严重时可能使建（构）筑物倒塌。拉伸变形能把管道和电缆拉断，使钢轨轨缝加大。压缩变形则能使建（构）筑物墙壁挤碎、地板鼓起，出现剪切或挤压裂缝，使门窗变形、开关不灵等。

水平变形对建（构）筑物的影响程度与地表变形值的大小及建（构）筑物的长度、平面形状、结构、建筑材料、建造质量、建筑基础特点，建（构）筑物和采空（动）区的相对位置等因素有关。其中地表变形值的大小及其分布又受开采深度、开采厚度、开采方法、顶板管理方法、采动程度、岩性、水文地质条件、地质构造等因素的影响。

5. 对于高层建筑物、大型钢结构厂房，地表移动变形的影响

（1）高层建筑物有框架结构、框架-剪力墙结构、剪力墙结构、筒体结构和框架-核心筒结构，建筑刚度较大，地表曲率变形和水平变形对建筑物的影响相对较小，而由于建筑物高度大，地表倾斜变形对建筑物的影响较大。

（2）长度和跨度较大的厂房一般采用钢结构，在工程中钢结构工程采用以钢材制作为主，钢材的特点是强度高、自重轻、整体刚性好、抗变形能力强，材料匀质性和各向同性好，属理想弹性体，最符合一般工程力学的基本假定；材料塑性、韧性好，可有较大变形，能很好地承受地表变形的影响。但由于钢结构厂房的长度和跨度较大，地表水平变形是影响结构安全的主要因素。

7.3 抗变形建筑技术研究

采空（动）影响区建筑物抗变形技术措施可分为刚性保护措施和柔性保护措施。使建筑物具有足够的刚度和强度，以抵抗地基采动变形影响的措施为刚性保护措施；柔性保护措施是指能够吸收部分甚至全部地基变形，或使建筑物具有足够的柔性以适应地基变形，而结构不会产生较大的应力和变形的技术措施，其主要措施包括设置变形缝、滑动层、土或砂土垫层，地表变形压缩区可设置缓冲沟。这些抗变形技术措施已在多个矿区进行了应用，并取得了显著成效。

在设计采动区、采空区建（构）筑物时，不论是低层和多层砖混建筑物，还是高层混凝土结构建筑物，或大型钢结构厂房，都应充分掌握开采地区的地表移动规律，分析地表移动与变形对建（构）筑物的影响，在经济合理的原则下，进行统一规划，选择有利的建筑场地，采取有效的建筑技术措施，以便使新建的建（构）筑物在受采动影响后，不出现损坏或仅出现易于修复的轻微损坏，保证建筑物的安全正常使用。

7.3.1 资料收集

设计采空（动）区地面建筑物时，应收集以下资料：

（1）地质条件：煤层的层数、厚度、倾角、埋藏深度、上覆岩层性质、断层等地质构造情况以及水文地质条件等。

（2）采矿条件：开采情况、采空区情况、开采计划、开采方法、顶板管理方法、开采边界、工作面推进方向和速度。

（3）预计地表移动变形值：地表下沉、倾斜、曲率、水平移动和水平变形值，有时还需要预计相应的动态地表变形值。

（4）断层构造：断层的露头位置以及地表可能出现台阶裂缝的位置、宽度和落差。

（5）老采空区情况：老采空区活化的可能性及其对地表的影响以及地表可能出现的塌陷坑的位置。

（6）水文条件：地下开采后，地下含水层疏干的可能性及其对地面的影响。

（7）场地条件：建筑物场地的地形、地下水位以及地基土壤的物理力学性质。

7.3.2 建筑场地的选择

建筑物场地的选择关系到建筑物受采动影响的程度，因此在选择建筑场地时，应避开

以下区域：

（1）开采浅部缓倾斜煤层地区，尤其是小窑开采区（如必须选取，应首先进行采空区注浆处理）。

（2）急倾斜煤层的露头附近。

（3）大断层和火成岩侵入体的露头地带。

（4）因采动可能引起其他地质灾害如滑坡等地区。

可优先选择无煤区、地质条件较好的老采空区、地表变形较小的地区作为建筑场地，以减少建筑物抵抗采动变形所需费用。

建筑地基的土壤要求均匀一致，并应尽可能建于承载力不高的地基土壤上，而不宜建在承载力较高的岩石、大块碎石类土壤及密实黏土等地基上。

7.3.3 建筑物的位置

建筑物受采动损害的程度与建筑物所处地表移动盆地的位置（建筑物与回采工作面的相对位置）有关。一般来说，处于地表移动盆地中部的建筑物，其长轴方向宜与工作面推进方向垂直，其次是平行，尽量避免斜交。处于开采边界上方的建筑物，其长轴方向宜与开采边界平行，其次是垂直，最好不要斜交。当建筑物长轴方向与工作面推进方向或开采边界斜交时，应按结构设计原则进行基础加强设计。

7.3.4 建筑物的类型

采空（动）区建筑物的类型应力求简单，平面形式以矩形或方形为主，尽量避免立面高低起伏和平面凹凸曲折，尽量使建筑物的重量、刚度均匀。建筑物的基底平面尺寸越大，受采动损害的程度越大，长度大的建筑物要设置变形缝，切割成独立的矩形平面单体。对于砖混结构建筑物，承重横墙的间距不宜超过 16 m。在平面布置上，无论是纵墙承重还是横墙承重，应尽量与房屋的主轴对称；墙体在平面布置上不宜有较多的间断。在立面上，应尽可能均匀布置门窗洞口，外墙尽端至门窗洞边的最小距离不宜小于 1.5 m，窗间墙宽度不宜小于 1.2 m。

7.3.5 变形缝的设置

采空（动）区建筑物附加应力与建筑物长度成正比，因此减小建筑物单体长度是降低附加应力值最有效的方法。所以建筑物长度较大时应设置变形缝，变形缝将建筑物分成若干长度适当、彼此不相关联的自成抗变形体系的单元，是保护采空（动）区建筑物免受损坏的经济而有效的方法。采空（动）区建筑物各单体的合理长度，主要由地表水平变形值和曲率变形值决定，对于砖混结构建筑物，一般情况下建议按预计地表水平变形值确定建筑物各单体的长度，具体见表 7-1。

表 7-1 建筑物单体长度的确定

水平变形值/($mm \cdot m^{-1}$)	≥6	4~6	≤4
单体长度 l/m	20	25	30

除因建筑物过长需要设置变形缝外，下列部位也应设置变形缝：

（1）建筑物平面转折处。

（2）建筑物高度变化较大处。

（3）建筑物荷载变化较大处。

（4）建筑结构（包括基础）类型不同处。

（5）地基承载能力明显差异处。

（6）分期建造的房屋交界处。

变形缝的宽度应能保证建筑物相邻单元在地基产生各种变形时，不致互相碰撞挤压而损坏。另外，变形缝宽度还应满足建筑物双重保护的要求。

变形缝的设计必须保证建筑物从基础到屋面全部切开，以形成一条通缝。变形缝两侧单元应自成抗变形体系。施工中，要严格保证变形缝的设计宽度。变形缝内不得填充任何杂物，这对于压缩变形区的建筑物变形缝尤为重要。用金属薄板、密封材料等搭盖变形缝时，应保证变形缝的作用不受影响。穿越变形缝的管道在相应部位应设置可伸缩装置，墙上预留孔洞的尺寸应保证管道在受采动影响时能自由活动且便于检查。

7.3.6 滑动层的设置

滑动层是采空（动）区建筑物抗采动变形的有效措施之一，通常铺设于基础圈梁与基础之间。水平滑动层的做法是，在砖石基础顶部用 1∶3 水泥砂浆抹平压光，要求对水平面的偏差不可大于 1‰，上面铺两层油毡，也可在中间夹石墨粉或云母片。滑动层要求在建筑物的每一个单体内，在同一标高上沿整个基础设置。

7.3.7 建筑地基

建筑地基的土壤要求均匀一致，并应尽可能建于承载力不高的地基土壤上，而不宜建在承载力较高的岩石、大块碎石类土壤及密实黏土等地基上。对于承载力较高的岩石、大块碎石类土壤及密实黏土等地基，应铺设土垫层或砂垫层。土垫层厚度不应小于 100 cm，砂垫层厚度不宜小于 50 cm。

7.3.8 基础

采动影响的建筑物基础，不仅向地基传递竖向荷载，还要承受由于地表采动变形作用而产生的水平荷载，并且要部分地用于承受作用于建筑物竖面内的弯矩和剪力，为了减小地表变形作用于基础侧面的纵向和横向的水平附加应力，在满足冻结深度和承载能力的条件下，尽可能减小基础的埋置深度并设置水平滑动层。尽可能不采用桩基础，而采用整体性较好的基础，如墙下钢筋混凝土条形基础，柱下条形基础、片筏基础和箱形基础等，如采用毛石或砖基础时，要加基础圈梁。采用墙下条形基础的建筑物，应布置成纵横交叉的十字形，并在基础的上部设置钢筋混凝土基础圈梁，要求同一单体钢筋混凝土基础圈梁成一个闭合的箍；采用独立基础的建筑物，应采用钢筋混凝土联系梁把同一单体内的独立基础连成一体，防止各独立基础移动。钢筋混凝土基础圈梁和联系梁的断面和配筋要按地表变形值的大小进行配置。

7.3.9 上部结构

根据地表变形值的大小，相应增大建筑物上部结构刚度。砖混结构建筑物为增加其整体刚度，提高抵抗地表变形的能力，要设置基础圈梁、构造柱、中间圈梁、檐口圈梁等。以基础圈梁、构造柱、中间圈梁、檐口圈梁组成的空间骨架体系，可以有效地抵抗地表变形作用在砖混结构建筑物的采动附加应力。圈梁应尽量在同一水平形成闭合系统，不被门窗洞口切断。

框架结构建筑物的框架柱、主梁、次梁及基础梁组成了空间骨架体系，能够有效地抵抗地表变形的影响。砖的标号不低于 MU7.5，砂浆标号不低于 M5，构造柱与墙体间应加设拉结钢筋。门窗洞口上方要采用钢筋混凝土过梁，窗台下设置拉结筋。

采空（动）区建筑物的楼、屋面应尽可能采用整体现浇钢筋混凝土板，楼、屋面板应与墙壁的钢筋砼圈梁同时浇捣，使两者为一体。如果采用预应力空心板，应加强板与板、板与墙之间的连接。

7.3.10　缓冲沟的设置

在压缩变形较大的区域，沿建筑物（或建筑群）周围设置缓冲沟，可有效吸收地表水平压缩变形的影响。缓冲沟内可填充松散材料（如炉渣等），沟顶铺设可滑动的沟板或铺设 300 mm 厚的黏土隔水层以防沟内积水。填充材料应定期检查，如压实应及时更换，保证缓冲沟的效果。

变形缓冲沟设置的位置应考虑地表压缩变形方向与建筑物轴线方向的关系，当建筑物受到一个轴线方向的地表水平压缩变形影响时，则仅沿垂直于变形方向的建筑物所有外墙外侧设置。当建筑物受到两个轴线方向或斜向地表水平压缩变形影响时，则应沿建筑物周围设置闭合的缓冲沟。

缓冲沟（图 7-1）的边缘距建筑物基础外侧 1～2 m，沟底宽度不小于 600 mm，沟的底面比基础底面深 200～300 mm。

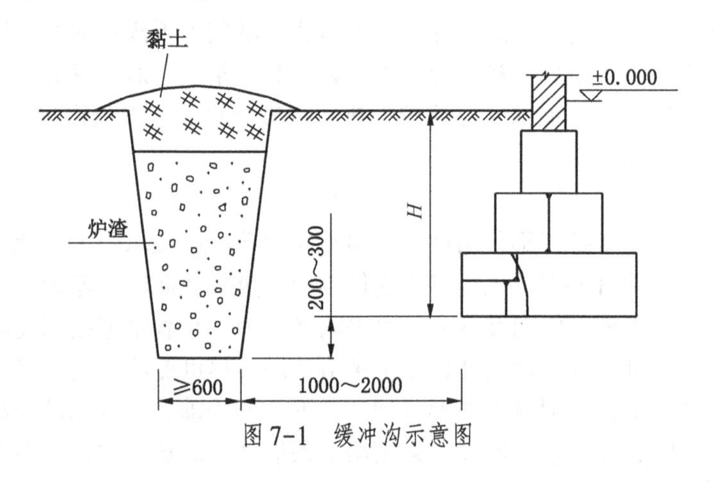

图 7-1　缓冲沟示意图

7.3.11　管道

地面敷设和架空的管道保护措施比较简单，可将原有的固定支座改为铰支座，调整管道支座的高度，以恢复原设计坡度。管道穿过墙壁或基础时，应在墙或基础上留出较大的孔洞，以使管道和墙壁（或基础）之间可以相对移动。对于穿孔洞或通过变形缝处的管道，应设置柔性接头，以适应地表不均匀变形的要求。

地下管道的保护措施包括：

（1）管道外挂沥青层和外填炉渣层：在管道上外挂沥青玻璃纤维隔层，管道四周回填炉渣，这能十分有效地降低管道在土壤中的摩擦力。

（2）挖管道沟：将管道架设在管道沟内，管道沟可用砖砌筑，上面用盖板覆盖，支座做成铰支座，可以调节管道的坡度。

(3) 设置补偿器：利用补偿器的可伸缩性，吸收地表变形引起的管道拉伸和压缩，以减少作用于管道上的附加纵向应力，防止管道产生破坏。

7.4 高层建（构）筑物的抗变形技术研究

高层建筑通常以高度和层数两个指标来判定，《高层建筑混凝土结构技术规程》（GBJ 3—2010）规定，高度在 28 m 以上或层数在 10 层及 10 层以上为高层建筑。

在采动引起的各种地表变形影响下，地表倾斜变形是影响高层建筑安全性的主要因素。在地表产生倾斜变形时，建筑物随之发生倾斜，引起重心偏移，因而改变了原结构的受力状态，并使地基反力重新分布，这样可以导致高层建筑出现构件截面强度不足而破坏或失稳以及地基承载力不足的现象。

7.4.1 高层建筑物的选址

高层建筑首先要符合一般建筑物选址原则，由于高层建筑高度较高，地表倾斜变形引起其侧向位移较大，侧移过大会使人产生不安全感，使结构产生附加内力，使填充墙和主体结构容易出现裂缝或损坏，影响正常使用甚至破坏。高度越大，容许的倾斜变形值越小。多层和高层建（构）筑物的地表倾斜变形允许值见表 4-5。

高层建筑在选址时要选择在采深较大，地表倾斜变形较小的区域。

7.4.2 高层建筑物的抗变形措施

1. 高层建筑结构平面布置

高层建筑的结构平面布置应有利于抵抗水平荷载和竖向荷载，受力明确，传力直接，力求均匀对称，减少扭转的影响。

在高层建筑的一个独立结构单元内，宜使结构平面形状简单、规则，刚度和承载力分布均匀，减少偏心，不应采用严重不规则的平面布置，平面长度不宜过大。

高层建筑宜选用风作用效应较小的平面形状，对抗风有利的平面形状是简单规则的凸平面，如圆形、正多边形、椭圆形、鼓形等。

高层建筑刚度大，抵抗地表水平变形的能力也大，设置变形缝时，单体长度可以适当放宽。

2. 高层建筑结构竖向布置

高层建筑结构的承载力和刚度宜自下而上逐渐减小，变化宜均匀、连续，不应突变。竖向宜规则、均匀，避免有过大的外挑和内收，侧向刚度宜下大上小，逐渐均匀变化，不应采用竖向布置严重不规则的结构。结构竖向抗测力构件宜上下连续贯通。

3. 铺设砂石垫层

在承载力允许的情况下，采用砂石垫层。砂石垫层可以减少地基反力的不均匀性，有效吸收地表水平变形、曲率变形和部分倾斜变形的影响。

4. 设置滑动层

高层建筑一般采用钢筋混凝土整体基础，滑动层设在钢筋混凝土基础与素混凝土垫层之间。从抗震抗变形双重保护考虑，在房屋高宽比小于 3 时，选择摩擦因数为 0.2~0.4 的滑动层材料较适合，这样既可避免地震时过大的提离摇摆对结构的不利影响，又可以起到一定的抗采动变形作用，因为房屋高宽比越大，抵抗地表变形的能力越大。当房屋高宽比大于3时（建筑物高度超过60 m时），不建议设置滑动层。

5. 基础形式

高层建筑结构应采用板式基础、梁板式基础或箱型基础，基础的大小和配筋除了按照常规计算外，还要根据地表变形的大小进行计算。不建议采用浅基础。对高耸构筑物，要适当增大基础的平面尺寸和强度，以抵抗地表的倾斜变形。

6. 适当增大建筑强度

由于地表变形的影响，使上部结构产生附加内力，在结构计算时要予以考虑，要适当增大建筑的强度。地表水平变形主要对基础产生影响，影响高层建筑上部结构的主要为地表倾斜变形。计算时还要进行结构构件强度验算和倾覆稳定验算。

7.5 大型钢结构厂房的抗变形技术研究

钢结构由型钢和钢板等制成的钢梁、钢柱、钢桁架等构件组成，各构件或部件之间采用焊缝、螺栓或铆钉连接的结构，是主要的建筑结构类型之一。

钢结构的内在特性是由它所用的原材料和所经受的一系列加工过程决定的。外界的作用包括各类荷载和气象环境对它性能的影响也不可忽视。建筑工程中，钢结构所用的钢材都是塑性比较好的材料，在拉力作用下，应力与应变曲线在超过弹性点后有明显的屈服点和一段屈服平台，然后进入强化阶段。钢材和其他建筑结构材料相比，强度要高得多。在同样的荷载条件下，钢结构构件截面小，截面组成部分的厚度也小。钢材有较好的韧性，因此有动力作用的重要结构经常用钢来做。

7.5.1 大型钢结构厂房的选址

大型钢结构厂房选址首先要符合一般建筑物选址原则。大型钢结构厂房一般长度、跨度都较大，与高层建筑相比高度较低，地表倾斜变形对其影响有限，地表水平变形的影响是主要因素。在选址时要选在地表水平变形较小的区域。钢结构厂房中往往有大型设备，这些设备对地基沉降及变形有时有特殊要求，因此在选址时要首先考虑设备的特殊需要。

7.5.2 大型钢结构厂房的抗变形措施

1. 大型钢结构厂房平面布置

大型钢结构厂房平面布置与采空（动）区建筑物的要求一致，体型应力求简单，平面形式以矩形或方形为主，尽量避免立面高低起伏和平面凹凸曲折，尽量使建筑物的重量、刚度均匀。

2. 设置变形缝

大型钢结构建筑物长度和跨度都较大，受地表变形的影响，容易产生变形和破坏，必须设置变形缝。钢结构建筑物因所选材料的原因吸收地表变形的能力较大，设置变形缝时，单体长度可以适当放宽。

3. 设置砂垫层

设置砂垫层或砂石垫层，可以有效减小地基反力的不均匀性，有效吸收地表水平变形、曲率变形和部分倾斜变形的影响。

4. 设置滑动层

滑动层是采空（动）区建筑物抗采动变形的经济有效措施之一，滑动层设在钢筋混凝土基础与素混凝土垫层之间，能够有效吸收地表水平变形的影响。

5. 加设联系梁

大型钢结构厂房跨度大，常规设计时一般采用独立基础，应用钢筋混凝土联系梁把同一单体内的独立基础连成一体，防止各独立基础移动。同一单体基础底面要在同一标高，以便设置水平滑动层。基础和联系梁的大小及配筋除了按照常规计算外，还要根据地表变形的大小进行计算。

6. 适当增加上部结构整体强度

钢结构厂房一般采用排架结构，轻质屋顶，这样的结构能够吸收地表变形的影响，所以在地表变形较小的区域，上部结构可以不采取抗变形措施，也能保证建筑物的安全正常使用。而在地表变形较大的区域，上部结构要适当加强，以保证在地表变形的影响下能够不被损坏。

7. 设备基础

对厂房内的仪器设备，应采用整体基础并适当加大基础的强度和刚度，以便于保护和调整、维修。

8 采煤塌陷区建筑实例

8.1 平顶山矿区建筑实例

8.1.1 平顶山朝川焦化厂工程项目

朝川焦化厂工程项目位于中国平煤神马集团朝川煤矿一井和二井之间，原豫新洗煤厂和坑木厂处，拟建造一座0.6 Mt/a的焦化厂。厂区东西宽400 m，南北长600 m，占地面积约260亩。厂区内主要建（构）筑物有焦炉（平面尺寸81 m×19 m）、煤塔（高度58 m）、配煤室、贮焦槽、烟囱（高度100 m）、风机房、洗萘塔等，大部分建（构）筑物对地面沉陷变形敏感。

该场地位于戊$_8$煤层浅部采空区和己$_{16-17}$煤层采空区上方，从20世纪60年代至今，先后有原临汝县蜈蚣窝煤矿，朝川矿一井、二井、劳动服务公司等进行了开采。其中，戊$_8$煤层厚度2.0~2.5 m，煤层倾角平均为16°，最小采深约30 m；己$_{16-17}$煤层厚度4.5~5.0m，在F正断层以南采深60~160 m，在F正断层以北采深大于190 m，两煤层层间距为160~180 m。采煤方法有巷采、长壁工作面炮采、放顶煤开采等，开采方法多样，残留煤柱较多，地质条件比较复杂。该区域第四纪表土层厚度0~10 m。

在整体规划时，对焦炉、煤塔、烟囱等重要建（构）筑物的平面位置进行了调整，使其位于戊$_8$煤层地表露头线附近，要求对建（构）筑物采取简易抗变形技术措施。对于其他建（构）筑物，要求按地表Ⅲ级变形进行抗变形设计，重要的建（构）筑物按Ⅳ级变形进行抗变形设计。

该项目于2004年5月开始建设，2007年3月竣工投产，对所有建（构）筑物及设备均采取了抗变形技术措施。随后，在焦化厂附近采空区上方又进行了总装机容量12 MW燃气发电厂的建设，之后又进行了干熄焦项目的建设。朝川焦化厂、发电厂、干熄焦一直保持正常安全运行，所有建（构）筑物均没有出现任何破坏。朝川焦化厂工程项目实景如图8-1所示。

8.1.2 平顶山义乌国际批发城

平顶山义乌国际批发城位于平顶山市平安大道与四矿路交汇处，占地约80亩，商业面积达10万平方米，公寓9万平方米，是一个集小商品采购批发市场、高尚住宅、商务酒店、休闲娱乐于一体的综合性“一站式”商贸中心。

项目区位于平煤集团三矿、七矿采煤塌陷区范围内，区域内地势较为平坦，整体北高南低，地面标高平均为+130 m左右，第四纪表土层厚约18~33 m。本区域三矿和七矿先后开采了戊组、己组和庚组三组煤层，累计采厚约5.2~9.2 m，最小开采深度为62 m，开采时间为1958—2004年。另外，地方小煤矿张泉庄矿、青年矿、华联矿、新华区一矿也曾在本区域附近进行过开采活动，主要复采戊组、己组煤层的残留部分和断层煤柱等剩余

(a)

(b)

图 8-1 平顶山朝川焦化厂工程项目实景

煤量。

评价认为，项目区新建 9 层及以下楼房是可行的，新建建筑物必须采取抗变形结构技术措施。通过计算，地表最大残余下沉为 270 mm，东西方向最大倾斜变形 2.3 mm/m，南北方向最大倾斜变形-3.1 mm/m，东西方向最大水平变形-1.2 mm/m，南北方向最大水平变形 1.2 mm/m。考虑到小煤矿开采、断层影响等复杂因素，要求拟建区按Ⅲ级采动影响对新建建筑物进行抗变形设计。

该项目于 2015 年建设完成并投入使用，建筑物均保持完好，没有出现任何破坏。平顶山义乌国际批发城实景如图 8-2 所示。

8.1.3 平顶山金石·九天城商业住宅小区

为了满足平顶山市日益增长的城市住房需求，河南金石置业有限公司拟在平顶山市凌云路以东、建设路北侧、鹰城文化广场以西建设金石·九天城高档商业住宅小区。拟建项

(a)

(b)

图 8-2　平顶山义乌国际批发城实景

目区占地面积 229. 8 亩，计划建设集多层花园洋房及低密度住宅为一体的高档楼盘社区。

项目区位于平煤集团七矿采煤塌陷区范围内，该区域地表标高为+86～+103 m，第四纪表土层厚约 52 m，附近开采的煤层主要有戊$_8$、戊$_{9-10}$、己$_{16-17}$ 三层煤，开采深度 55～300 m，累计采厚 11. 5 m，开采时间为 1960—2001 年，采用长壁工作面炮采、普采或综采，全陷法管理顶板。期间七矿服务公司振兴矿、青年矿、新华矿等小煤矿又对戊$_8$、戊$_{9-10}$ 两个煤层进行了复采。

评价认为，该区域 1 区、2 区、3 区新建 7 层住宅楼是可行的，4 区新建 11 层住宅楼是可行的，5 区新建 5 层商业楼是可行的，但新建建筑物均应采取抗变形结构技术措施。通过计算，地表最大残余下沉为 500 mm，东西方向最大倾斜变形 2. 3 mm/m，南北方向最大倾斜变形 4. 1 mm/m，东西方向最大水平变形－1. 3 mm/m，南北方向最大水平变形－2. 3 mm/m。考虑到小煤矿开采、断层影响等复杂因素，要求拟建区 1、4 区按Ⅱ级采动影响对新建建筑物进行抗变形设计，2、3、5 区按Ⅲ级采动影响对新建建筑物进行抗变形设计。

该小区于 2018 年建设完成并投入使用，所建楼房均保持完好，没有出现任何破坏。金石 · 九天城商业住宅小区实景如图 8-3 所示。

(a)

(b)

图 8-3　平顶山金石·九天城商业住宅小区实景

8.1.4　平煤十矿月台佳苑住宅小区

为了响应煤矿棚户区改造政策的号召，改善矿区职工居住条件，平顶山天安煤业有限公司十矿拟对本矿西大门家属区进行改造。项目区地处平顶山市东部，位于十矿工业广场西南部，月台河以东，十矿铁路专用线以西，魏寨村以北区域。项目区占地面积约 34.5 亩，拟建设职工住宅小区。

项目区位于平煤股份十矿、十二矿及天力吴寨矿开采范围内。地表标高平均约为 +90 m，第四纪表土层厚度约为 96 m。区域下方及附近先后开采了戊组和己组煤层，其中，戊组煤开采了戊$_{8-10}$煤层，分上下两层开采，最大累计开采厚度为 4.6 m 左右，煤层倾角为 8°~10°，最小采深 147 m 左右，开采时间 1966—1973 年，采煤方法为走向长壁普采或综采，全陷法管理顶板；己组煤主要开采己$_{15}$煤层，局部开采下分层己$_{17}$煤层，最大累计开采厚度约为 4.8 m，煤层倾角 8°~11°，最小采深约为 24 m，开采时间 1991—2006 年，采煤方法为走向长壁炮采、普采或综采，全陷法管理顶板。另外，地方小煤矿魏寨矿曾于 20 世纪 90 年代在拟建区附近进行过开采活动，主要复采戊组煤的残留煤柱和断层煤柱。

评价认为，拟建区新建11层及以下住宅楼是可行的，但新建建筑物应采取一定的抗变形技术措施。经计算，拟建区地表预计下沉为20~430 mm，南北方向倾斜变形为-2.6~2.4 mm/m，东西方向倾斜变形为-3.7~0.6 mm/m，南北方向水平变形为-2.3~0.6 mm/m，东西方向水平变形为-1.6~1.6 mm/m，拟建区新建建筑物将经受Ⅱ级采动影响。考虑到拟建区内第四系松散层较厚，基岩较薄且区域内曾经有小煤矿开采，地质条件较为复杂，为安全起见，建议按Ⅲ级采动影响对新建建筑物进行抗变形设计。

该小区于2014年建设完成，所建楼房均保持完好，没有出现任何破坏。平煤十矿月台佳苑住宅小区实景如图8-4所示。

图8-4　平煤十矿月台佳苑住宅小区实景

8.1.5　东联公司铸锻及液压支架修造项目

河南省平顶山煤业集团东联机械制造有限责任公司为了技术升级同时扩大生产，拟在平安大道以南、田庄洗煤厂以东区域对铸锻厂、液压支架修造厂进行搬迁技术改造。铸锻厂拟建新厂区东西长301 m，南北宽206 m，占地面积92.98亩，建筑物均为单层厂房，主要建筑为铸造车间，设备主要有5 t锻锤和32 t桥式起重机。液压支架修造厂拟建新厂区东西长约763 m，南北宽约362 m，占地面积358.05亩，建（构）筑物主要为大型单、两层厂房车间，主要设备为5 t、10 t、16 t、20 t、32 t、50 t等吨位不等大型桥式起重机。另外，项目区内还拟建一幢5层办公楼及2层食堂、浴室、仓库等其他建筑物。

拟建项目区位于平煤集团十二矿采煤塌陷区范围内，拟建区下方及附近开采的煤层主要有己$_{15}$、己$_{16}$、己$_{17}$三层煤，开采深度197~280 m，其中己$_{15}$煤层开采时间为1974—1995年，开采厚度为1.5~2.8 m，煤层倾角7°~9°；己$_{16}$煤层开采时间为1977—1994年，开采厚度为1.4~2.1 m，煤层倾角7°~9°；己$_{17}$煤层开采时间为1979—1990年，开采厚度为1.0~1.9 m，煤层倾角平均8°。采用长壁工作面炮采或综采，全陷法管理顶板。

评价认为，该区域新建铸锻厂、液压支架修造厂等大型厂房车间、办公楼及食堂浴室等建（构）筑物是可行的，但新建建（构）筑物均应采取抗变形结构技术措施。经计算，拟建区内预计地表最大下沉值为294 mm，南北方向最大倾斜变形2.8 mm/m，东西方向最大倾斜变形 2.3 mm/m，南北方向最大水平变形 -1.9 mm/m，东西方向最大水平变形 -1.1 mm/m，新建建（构）筑物将经受Ⅰ级采动影响。考虑到拟建区位于已组煤层的浅部和露头位置，为安全起见，要求拟建区均按Ⅱ级采动影响对新建建（构）筑物及设备进行保护和抗变形设计。

东联公司铸锻及液压支架修造项目于 2010 年建成投产，所建厂房及设备均运行良好，没有出现任何破坏。东联公司液压支架修造厂房及设备实景如图 8-5 所示。

(a)

(b)

图 8-5　东联公司液压支架修造厂房及设备实景

8.1.6　马棚山风电项目

大唐平顶山卫东风力发电有限责任公司规划在卫东区北部的落凫山、马棚山一带兴建风电场工程，拟安装 15 台单机容量为 2.0 MW 的风力发电机，总装机容量 30 MW。该工程建设项目在改善区域能源结构、保护生态环境，推动地方经济发展等方面具有显著的经济效益、社会效益和环境效益。

拟建马棚山风电场位于平煤集团一矿、二矿、四矿及十矿采动影响范围内，区域内主要可采煤层有丁、戊、己、庚四组煤层，煤层累计厚度 9.9～16.0 m，采深为 708～

1180 m。该区域内的四组煤层均进行了不同程度的开采，根据矿井开采规划，未来几年或几十年内还将进行大范围的开采。

研究认为，在该采动影响区上方兴建马棚山风电场工程，技术上是可行的，但对风电场内风机及其他建（构）筑物须采取抗变形技术措施及变形监测措施，并及时对出现安全隐患的风机进行调整维修。经计算，马棚山风电场采动影响区域在丁、戊、己、庚组煤全采后，地表将来可能发生的最大下沉值为 11910 mm，南北方向最大倾斜变形将达到 11.6 mm/m，东西方向最大倾斜变形将达到 13.7 mm/m，南北方向最大拉伸变形 5.1 mm/m，最大压缩变形 6.1 mm/m，东西方向最大拉伸变形 11.3 mm/m，最大压缩变形 7.0 mm/m，最大采动影响等级将达到Ⅳ级。对风机采取的抗变形结构技术措施包括基础下加砂垫层、扩大基础底面积、提高基础的强度和刚度等；在每个风机处设置移动变形观测站，定期对地表和风机进行移动变形监测。

马棚山风电项目已全部建设完成，所有风机都运行良好，没有出现任何破坏。马棚山风电项目风机实景如图 8-6 所示。

(a)

(b)

图 8-6 马棚山风电项目风机实景

8.2 徐州矿区建筑实例

8.2.1 夹河煤矿河头、解场抗变形新村庄

徐州矿区河头、解场两个自然村共 508 户，房屋多为平房，建于 20 世纪六七十年代，质量较差，受夹河煤矿 2、7 煤开采影响已出现了不同程度的采动损坏。由于搬迁选址困

难，费用高且地面潜水位高，因此决定采用预垫矸石地基就近重建抗变形农房进行村庄下采煤。

河头、解场新村址位于夹河井田-600 m 水平西二采区上方，压 2、7、9、20、21 五个煤层。其中 2 煤开采厚度 2.1 m，煤层倾角 24°，平均采深 630 m；7 煤开采厚度 2.4 m，煤层倾角 22°，平均采深 680 m；9 煤开采厚度 2.2 m，煤层倾角 22°，平均采深 710 m；20 煤开采厚度 0.7 m，煤层倾角 20°，平均采深 750 m；21 煤开采厚度 0.9 m，煤层倾角 20°，平均采深 770 m。

根据计算，全部煤层开采后，预计新村庄内地表下沉值为 4220 mm，南北方向最大倾斜变形值 6.2 mm/m，东西方向最大倾斜变形值 7.1 mm/m，南北方向最大水平变形值 -4.9 mm/m，东西方向最大水平变形值-6.3 mm/m，新建房屋将经受Ⅳ级采动影响。

新村庄于 2000 年开工建设，2001 年建设完成。矸石地基回填厚度平均为 3.9 m，采用分层震动压实法进行了处理，新建房屋均采用了抗变形结构，房屋大多为二层楼房，少部分为一层房屋。新建村庄经受了井下十余年的采动影响，房屋均没有出现破坏，一直保持正常安全使用。河头、解场抗变形新村庄实景如图 8-7 所示。

图 8-7　徐州夹河煤矿河头、解场抗变形新村庄实景

8.2.2　夹河煤矿丁场抗变形新村庄

丁场村隶属铜山县刘集镇，村庄绝大部分房屋为平房，建于 20 世纪六七十年代，质量较差。该村三、四组位于夹河井田-600 m 水平西二采区上方，压 1、2、7、9、20 五个煤层，可采 1、2、7、9 四个煤层。夹河煤矿在该区域主要开采了 2、7、9 三层煤，受井下 2、7、9 煤开采影响，该村三、四组部分房屋已出现采动损坏。由于搬迁选址困难，费用高且地面潜水位高，决定对丁场村三、四组、学校及大队部采用预垫矸石地基、就近重建抗变形农房解决村庄保护问题。

丁场村三、四组、学校及大队部新址位于夹河煤矿采空（动）区上方，夹河煤矿在该区域主要开采了 2、7、9 三层煤。其中，2 煤已开采了 7 个工作面，还将开采 4 个工作面，煤厚约为 2.1 m，开采标高-607～-1130 m，煤层倾角平均 20°；7 煤已开采了 6 个工作面，还将开采 4 个工作面，煤厚约为 2.1 m，开采标高-696～-1175 m，煤层倾角平均 19°；9

煤基本上还都未开采，煤厚约为 2.3 m，开采标高-720~-1200 m，煤层倾角约为 20°。本区域第四纪冲积层厚度约为 120.25 m，属黄淮冲积平原，地面平均标高+41.8 m。

根据计算，全部煤层开采后，预计三组新址地表最大下沉值为 1710 mm，南北方向最大倾斜变形值为 1.9 mm/m，东西方向最大倾斜变形值为 3.1 mm/m，南北方向最大水平变形值为 2.3 mm/m，东西方向最大水平变形值为 2.3 mm/m；预计四组新址地表最大下沉值为 1590 mm，南北方向最大倾斜变形值为 1.6 mm/m，东西方向最大倾斜变形值为 4.4 mm/m，南北方向最大水平变形值为-3.2 mm/m，东西方向最大水平变形值为-1.4 mm/m；预计学校及大队部新址地表最大下沉值为 1310 mm，南北方向最大倾斜变形值为 2.8 mm/m，东西方向最大倾斜变形值为 1.9 mm/m，南北方向最大水平变形值为 2.2 mm/m，东西方向最大水平变形值为-1.9 mm/m。丁场村三、四组及学校、大队部新址区域新建房屋将经受Ⅰ~Ⅱ级采动影响及多次动态沉陷变形的影响。

新村庄于 2010 年开工建设，2011 年建设完成。煤矸石回填厚度 0.3~1.7 m，采用分层震动压实法进行了地基处理，新建房屋均采用了抗变形结构，房屋大多为二层楼房。新建村庄经历了井下的采动影响，房屋均没有出现破坏，一直正常使用。丁场村抗变形新村庄实景如图 8-8 所示。

(a)

(b)

图 8-8　徐州夹河煤矿丁场抗变形新村庄实景

8.2.3 权台煤矿段庄新村抗变形住宅楼

段庄新村位于徐州市东北约 19 km 处，属徐州市贾汪区大吴镇管辖。拟建的段庄新村建设场地位于 310 国道南侧，拟建场地的西侧为徐州矿务集团权台矿业有限公司，南侧为徐州高邦化纤有限公司。新村址东西长 436 m，南北宽 197 m，占地面积 57967.9 m^2，拟建工程为 5 层住宅楼。

该区域属采煤塌陷地，徐州矿务集团权台煤矿在本区域下方主要开采了 3 煤、9 煤，其中 3 煤为井田主要可采煤层，平均采厚 4.58m，炮采，分上下两层开采；9 煤为井田内局部可采煤层，平均采厚 1.8m，炮采，开采时间为 20 世纪 60—90 年代。经计算地表残余沉陷变形最大下沉为 136 mm，东西方向最大倾斜变形 0.8 mm/m，南北方向最大倾斜变形 0.7 mm/m，东西方向最大水平变形 0.6 mm/m，南北方向最大水平变形-0.5 mm/m。

煤层开采后地面出现大面积下沉并积水，利用煤矸石进行了回填，回填深度为 1.00~4.90 m，平均 3.53 m。根据勘察报告显示，场地内揭露①层、②层和$②_{-1}$层分别为回填的煤矸石、粉土夹粉质黏土和淤泥质粉质黏土，厚度变化较大，成分较复杂，分布不均匀，强度低，压缩性中等或中等偏高，工程地质条件差，承载力特征值较低，不适宜直接作为建筑地基，必须进行地基处理。

该项目采用了强夯法进行地基处理，强夯法适用于一次回填全高且回填高度较大的地基处理。夯点采用沿基槽中心线布置，用间隔夯法，分 3 遍进行夯击。地基经过强夯处理后，场地土物理力学性质指标得到了改善，承载力特征值有了一定提高，房屋采用了抗变形技术。该项目建成后一直正常使用，没有出现破坏。权台煤矿段庄新村抗变形住宅楼实景如图 8-9 所示。

图 8-9 徐州权台煤矿段庄新村实景

8.3 唐山南湖建筑实例

唐山南湖位于唐山市中心区南部约 2 km 处，总面积 1300 hm^2，水面 165 hm^2。原为开滦（集团）有限责任公司唐山矿及地方矿增盛煤矿、刘庄煤矿采煤塌陷区，治理前垃圾成山，杂草丛生，黑水流溢，生态环境和自然景观遭到严重破坏。经过 20 多年的系统治理和生态环境修复，现成为集度假、休闲娱乐、体育运动、文化交流等多功能于一体的近郊采煤沉陷湿地公园，发挥了其重要的城市服务功能。公园内树木成荫、草坪翠绿、湖水清澈，是市民休闲娱乐的理想场所，景区实景如图 8-10 所示。

(a)

(b)

图 8-10　唐山南湖景区实景

开滦集团唐山矿于 1881 年投入生产，已经有 140 年的开采历史，采出煤炭近 0.2 Gt。该区域煤系地层为石炭二迭系，上覆第四系冲积层，基底为中奥陶系灰岩。第四系冲积层厚度约 130 m，地面标高平均+17 m。

区域内较大的构造为Ⅰ、Ⅱ、Ⅲ号大断层，断层走向与煤系地层走向相近为 NE45°。Ⅰ号断层北反山区为第一构造块，Ⅰ-Ⅱ号断层间为第二构造块，Ⅱ-Ⅲ号断层间为第三构造块。在三个构造块内褶曲和大、中、小断层纵横交错，地质构造极为复杂。

唐山矿共开采4个煤层，分别为5煤、8煤、9煤、12煤。在浅部Ⅰ号断层北反山区主要为急倾斜煤层，开采方法采用落垛开采，全部陷落法管理顶板；在深部区域为倾斜煤层、缓倾斜煤层，开采方法采用走向长壁工作面综采、综采放顶煤，全部陷落法管理顶板。5煤层采厚1.7~2.0 m，8煤层采厚在3.0 m左右，9煤层采厚8.0~10.0 m，12-1煤层采厚在2.0 m左右，12-2煤层采厚变化较大，在浅部8.0 m左右，深部2.5 m左右。

增盛煤矿、刘庄煤矿主要复采Ⅰ号断层北反山区8、9、12急倾斜煤层，开采上限-100 m、开采下限-240 m，开采方法为落垛，全部陷落法管理顶板。根据2007年唐山市政府有关文件要求，增盛煤矿、刘庄煤矿停产关井。

在进行唐山南湖采煤塌陷区治理与生态环境修复的同时，对风景区内的村、镇、城市居民点以及管理机构用地现状进行了整合，对南湖景区周边的采煤塌陷地进行了建设开发利用，规划建设用地约400 hm^2，有力推动了景观地产开发。建筑区域主要集中在南湖湿地公园的东北部老唐山景区，西部学院路两侧，小南湖景区西北和东南部分区域，大大解决了唐山市建设用地紧张的难题。

在采煤塌陷地建筑利用方面，主要采用地基稳定性评价技术、抗变形建筑技术及采空区注浆处理技术，分别对采煤塌陷影响区内的各地块进行了地基稳定性评价，计算了地表残余沉陷变形值，划分了建筑适宜区和不适宜区，确定了建（构）筑物的建筑高度，并针对具体建筑（构）物的结构和特点，进行了抗变形结构设计，对地质采矿条件较差的区域，同时进行了采空区注浆处理。

建筑高度从滨水地带向外逐渐升高，沿重要城市道路规划了底商和点式塔楼。已建起的建筑群包括仁恒、绿城、新华联、万科等高档住宅小区，图书馆、大剧院、国际会展中心、群众艺术馆、酒店等公共建筑物。南湖区域已建设成为集生态保护、休闲娱乐、旅游度假、文化会展、住宅建设、商业购物、高新技术产业为一体的新城区，成为全国资源型城市转型的典范和样板，建筑群实景如图8-11所示。

(a)

(b)

(c)

图 8-11 唐山南湖区域建筑群

8.4 晋城矿区建筑实例

8.4.1 晋城煤业集团东小区新建抗变形住宅楼

晋城煤业集团拟在局机关东区新建五栋六层住宅楼，但拟建场地下方存在老窑采空区。根据物探勘察报告和钻探资料，区域内存在多处老采空区，开采煤层为 9 煤层，煤层厚度 1.5~2.0 m，开采深度 60~70 m，其中第四系松散层厚度 15~20 m，采煤方法为部分开采法，具体开采时间不详。在这样的情况下，为了确保新建楼房的安全，决定对地下采空区进行注浆处理，然后建设抗变形住宅楼。

注浆采用地面钻孔施工，孔间距平均为 15m，开孔直径 168 mm，钻进到基岩内不少于 5 m 的坚硬岩层上，下直径 146 mm 套管，再往下钻直径 110 mm 的孔，直到 9 煤层底板。浆液采用粉煤灰水泥浆，遇到大的空洞和裂隙时，先注骨料如砂、砾石（粒径小于 30 mm）等，然后注水泥浆胶结。必要时，加一定的水玻璃。当孔口管压力达到 1.0 MPa，浆量小于 10 L/min，稳定 30 min 以上时结束注浆。

注浆完成后，对注浆效果进行了技术检测。检测结果表明，工程满足注浆充填率不低于 75%、注浆结石体抗压强度不低于 1 MPa 的技术要求。

新建住宅楼均采用了抗变形结构技术措施并进行了专项抗变形设计。小区于 2003 年建成，建筑物一直保持正常使用，没有出现任何破坏。晋城东小区住宅楼实景如图 8-12 所示。

图 8-12　晋城东小区抗变形住宅楼实景

8.4.2　晋城矿区寺河矿二号井抗变形建筑物

山西晋煤集团寺河矿二号井拟在本矿区新征场地内新建单身公寓楼、职工餐厅。项目区位于寺河二号井采煤塌陷区范围内，该区域主要开采了山西组 3 号煤层，煤层厚度约为 6.0 m，煤层倾角 5°左右，采深平均 85 m，其中第四系松散层厚度约 15 m，采煤方法为仓房式开采，开采时间多为 20 世纪 90 年代末期。为了确保新建建筑物的安全，决定对新场地进行采空区注浆处理，对新建楼房采用抗变形技术措施。

2011 年 10 月至 2012 年 7 月，对拟建场地采空区进行了注浆处理。注浆采用地面打孔，孔间距 15 m 左右，浆液采用水泥、粉煤灰混合浆液，在遇到大的空洞时，先注入骨料（砂、石子），必要时加入一定的水玻璃。共施工注浆钻孔 181 个，注浆量 120177 m^3，投入石屑 1949 m^3。

随后，进行了采空区注浆效果检测。检测结果表明，注浆结石体对采空区进行了一定的充填，基本达到了治理的目的。

根据计算，拟建项目区经采空区注浆处理后，地表仍将有一定的残余沉陷变形，预计地表最大下沉值为 118 mm，最大倾斜变形为 1.9 mm/m，最大水平变形值为-1.6 mm/m，新建建筑物将经受Ⅰ级采动影响。考虑到该区域采空区注浆不够充分，采煤方法比较复杂，为安全起见，要求拟建区全部按Ⅱ级采动影响对新建建筑物进行保护和抗变形设计。

新建单身公寓楼、职工餐厅均采用了抗变形结构技术措施。单身公寓楼、职工餐厅于 2014 年建设完成，一直正常使用，没有出现任何破坏。建筑物实景如图 8-13 所示。

寺河矿二号井还在采空区上方建设了锅炉房。该区域采空区平均深度为 47.4 m，煤层开采厚度 5.3~8.3 m，采煤方法为仓房式开采。建设前，首先对采空区进行了注浆充填处理，对新建锅炉房采取了抗变形技术措施。新建锅炉房于 2009 年建成并投入使用，一直保持完好。

(a) 抗变形单身公寓楼

(b) 职工餐厅

图 8-13　晋城寺河矿二号井抗变形建（构）筑物实景

参 考 文 献

[1] 中国煤炭学会．煤矿区土地复垦与生态修复学科发展报告［M］．北京：中国科学技术出版社，2018.
[2] 国家安全监管总局，国家煤矿安监局，国家能源局，国家铁路局．建筑物、水体、铁路及主要井巷煤柱留设与压煤开采规范［M］．北京：煤炭工业出版社，2017.
[3] 滕永海，唐志新．老采空区地面建筑技术研究及应用［J］．煤炭科学技术，2016(1)：183-186.
[4] 陈绍杰，江宁，常西坤，等．采煤塌陷地建设利用关键技术与实践［M］．北京：科学出版社，2019.
[5] 滕永海，张俊英．老采空区地基稳定性评价．煤炭学报，1997，(5)：504-508.
[6] 邓喀中，谭志祥，张宏贞，等．长壁老采空区残余沉降计算方法研究．煤炭学报，2012(10)：1601-1605.
[7] 张俊英．采空区地表建筑地基稳定性模糊综合评价方法［J］．北京科技大学学报，2009(11)：20-24.
[8] 滕永海，高德福，朱伟，等．水体下采煤［M］．北京：煤炭工业出版社，2012.
[9] 胡炳南，张华兴，申宝宏．建筑物、水体、铁路及主要井巷煤柱留设与压煤开采指南［M］．北京：煤炭工业出版社，2017.
[10] 黄福昌，倪兴华，张怀新，等．厚煤层综放开采沉陷控制与治理技术［M］．北京：煤炭工业出版社，2007.
[11] 杨建立，滕永海．综采放顶煤导水裂缝带发育规律分析［J］．煤炭科学技术，2009(12)：100-102.
[12] 滕永海，杨建立，朱伟，等．综采放顶煤覆岩破坏规律与机理研究［J］．矿山测量，2010(2)：32-34.
[13] 朱伟．高强度综采中至坚硬覆岩裂缝带发育规律研究［J］．煤炭工程，2011(1)：60-63.
[14] 康永华，唐子波，王宗胜．鲍店煤矿松散含水层下综放开采的研究与实践［J］．煤矿开采，2008(1)：34-36.
[15] 胡戈，李文平，程伟，等．淮南煤田综放开采导水裂隙带发育规律研究［J］．煤炭工程，2008(5)：74-76.
[16] 李强，段克信，王献辉，等．康平煤田综放开采覆岩破坏规律初探［J］．矿山测量，2006(1)：76-78.
[17] 高延法，曲祖俊，邢飞，等．龙口北皂矿海域下 H2106 综放面井下导高观测［J］．煤田地质与勘探，2009(6)：35-38.
[18] 中国矿业大学（北京），铜川矿务局．焦坪矿区综放开采岩层与地表移动规律研究报告［R］.2004.
[19] 滕永海．综放开采导水裂缝带的发育特征与最大高度计算［J］．煤炭科学技术，2011(4)：118-120.
[20] 张华兴，郭惟嘉．三下采煤新技术［M］．徐州：中国矿业大学出版社，2008.
[21] 滕永海，唐志新，郑志刚．综采放顶煤地表沉陷规律研究及应用［M］．北京：煤炭工业出版社，2009.
[22] 张俊英，王金庄．破碎岩石的碎胀与压实特性实验研究［A］．中国煤炭学会．全国开采沉陷规律与“三下”采煤学术会议论文集［C］．中国煤炭学会，2005：3.
[23] 郭广礼，邓喀中，谭志祥，李逢春．深部老采区残余沉降预计方法及其应用［J］．辽宁工程技术

大学学报（自然科学版），2002，21(1)：1-3.
[24] 王明立，张华兴．采煤沉陷区地表残余移动变形的计算分析［C］. 2005年开采沉陷规律与三下采煤学术会议，20-23.
[25] 易四海．地表残余沉陷变形机理数值模拟与预计参数分析［J］．煤炭开采，2016，21(2)：29-32.
[26] 韩科明．荷载作用下采空区覆岩稳定性评价理论研究［D］．北京：煤炭科学研究总院，2020.
[27] 朱广轶，孙传博．建筑荷载下老采区地表残余变形判别的状态空间方法［J］．中国地质灾害与防治学报，2020，31(2)：74-79，110.
[28] 华南理工大学，东南大学，浙江大学，等．地基及基础［M］．北京：中国建筑工业出版社，2003.
[29] 郑志刚，滕永海．综放开采地表移动与建筑物变形规律分析［J］．煤炭科学技术，2010(5)：114-116.
[30] 郭广礼，邓喀中．采空区上方地基失稳机理和处理措施研究［J］．矿山压力与顶板管理，2000，(3)：39-42.
[31] 李凤明．我国采煤沉陷区治理技术现状及发展趋势［J］．煤矿开采，2011(3)：8-10.
[32] 韩科明，李凤明，谭勇强，等．浅部老采空区地表建设可行性评价［J］．煤矿开采，2018(5)：77-82.
[33] 朱伟．采煤塌陷区土地建筑利用技术与工程应用［J］．金属矿山，2019(11)：176-181.
[34] 李培现，谭志祥，王磊，等. FLAC在老采空区地基稳定性评价中的应用研究［J］．煤矿安全，2009(10)：16-19.
[35] 滕永海，唐志新，易四海．采煤塌陷区高层建筑地基评价与抗变形技术［J］．矿山测量，2016，44(1)：1-5.
[36] 方军．浅埋藏煤层上方地基稳定性评价探讨［J］．矿山测量，2011(3)：85-87.
[37] 邓喀中，王刘宇，范洪冬．基于InSAR技术的老采空区地表沉降监测与分析［J］．采矿与安全工程学报，2015，32(6)：918-922.
[38] 朱建军，李志伟，胡俊. InSAR变形监测方法与研究进展［J］．测绘学报，2017(10)：1717-1733.
[39] 杨志全，侯克鹏，梁维，等．牛顿流体柱-半球面渗透性注浆形式扩散参数的研究［J］．岩土力学，2014，35(增2)：17-24.
[40] 郭轲轶．声波测试技术在煤矿采空区注浆质量检测中的应用［J］．煤炭技术，2014，33 (11)：303-305.
[41] 刘小平，李姗，刘新星，等．煤矿采空区注浆治理工后质量检测技术与实践［J］．煤田地质与勘探，2020，48(5)：113-122.
[42] 李建文．定向孔在隧道软弱围岩注浆加固中应用的初探［J］．探矿工程，2008(8)：77-78.
[43] 煤炭科学研究总院唐山分院．采动积水区预垫矸石地基处理方法及机理研究报告［R］. 1995.
[44] 中煤科工集团唐山研究院有限公司，中国平煤神马能源化工集团有限责任公司，徐州矿务集团有限公司，等．采煤塌陷区地基稳定性评价与建筑技术研究报告［R］. 2014.
[45] 易四海，滕永海，唐志新，等．采煤沉陷区大型建筑物与地基相互作用机理研究［J］．煤炭科学技术，2020(10)：166-172.
[46] 唐志新，黄乐亭，戴华阳．采动区煤矸石地基理论研究及实践［J］．煤炭学报，1999 (1)：43-47.
[47] 滕永海，卫修君，唐志新，等．新建千米井筒留设小保护煤柱与抗变形技术［J］．煤炭学报，2012(8)：1281-1284.
[48] 滕永海，唐志新，郭轲轶．新建井筒抗变形技术研究［J］．煤炭科学技术，2013(9)：163-165.

[49] 王乐杰，周锦华．高速公路隧道抗采动变形技术体系研究［J］．金属矿山，2015(4)：40-43.
[50] 郭文兵，邓喀中．高压输电线铁塔采动损害与保护技术现状及展望［J］．煤炭科学技术，2011(1)：97-101.
[51] 戴华阳，廖孟光，王继林，等．采动影响区浅埋输气管道调整技术与应用设计［J］．煤矿开采，2013(5)：69-72.
[52] 郭轲铁，易四海，滕永海．采动矿区风电场工程的建设与保护技术［J］．金属矿山，2015(4)：150-153.
[53] 田迎斌，李学良．采动区钢筋混凝土灌注桩受力特性分析及抗变形技术［J］．煤炭科学技术，2020(10)：173-178.
[54] 郭轲铁．厚煤层仓房式开采采空区处理与抗变形建筑技术研究［J］．矿山测量，2020(6)：16-19.
[55] TENG Yonghai, HUANG Leting. Coal mining technique applied under villages featuring high groundwater level with no need for village relocation. 11th International Congress of the International Society for Mine Surveying, Vol. 2, Cracow Poland, 2000: 9-13.
[56] 鲁叶江，李树志．近郊采煤沉陷积水区人工湿地构建技术：以唐山南湖湿地建设为例［J］．金属矿山，2015(4)：56-60.
[57] 煤炭科学研究总院唐山研究院．唐山市南湖酒店出让地块采空区地基稳定性评价［R］.2010.

图书在版编目（CIP）数据

采煤塌陷区建筑利用技术 / 滕永海等著 . --北京：应急管理出版社，2021

ISBN 978-7-5020-9168-2

Ⅰ.①采… Ⅱ.①滕… Ⅲ.①煤矿开采—地表塌陷—建筑工程 Ⅳ.①TD327 ②TU

中国版本图书馆 CIP 数据核字(2021)第 240254 号

采煤塌陷区建筑利用技术

著　　者　滕永海　唐志新　郭轲轶　易四海
责任编辑　史　杰
编　　辑　杜　秋
责任校对　孔青青
封面设计　解雅欣

出版发行　应急管理出版社（北京市朝阳区芍药居 35 号　100029）
电　　话　010-84657898（总编室）　010-84657880（读者服务部）
网　　址　www. cciph. com. cn
印　　刷　北京建宏印刷有限公司
经　　销　全国新华书店

开　　本　787mm×1092mm $^1/_{16}$　**印张**　9　**字数**　208 千字
版　　次　2021 年 12 月第 1 版　2021 年 12 月第 1 次印刷
社内编号　20210895　**定价**　42. 00 元